浅谈智能制造

李秋健 著

北 京
冶 金 工 业 出 版 社
2023

内 容 简 介

本书以智能制造基本技术为切入点，用简洁、生动的语言形象地介绍智能制造、两化融合、数字化转型等工作过程中的一系列思路、方法和技术，对数字化工作中的关键难点给予了解决方向和思路。同时，书中列举了一些数字化工作思路和智能制造工作方法中的问题，对广大读者加深智能制造的理解、避免重复步入类似的工作误区提供帮助。

本书既适于刚接触智能制造、信息化的初学者阅读，也可供希望了解智能制造、信息化技术工作的企业管理者参考。

图书在版编目(CIP)数据

浅谈智能制造/李秋健著 . —北京：冶金工业出版社，2023.7
ISBN 978-7-5024-9550-3

Ⅰ.①浅… Ⅱ.①李… Ⅲ.①智能制造系统—研究 Ⅳ.①TH166

中国国家版本馆 CIP 数据核字(2023)第 118527 号

浅谈智能制造

出版发行	冶金工业出版社	电　　话	(010)64027926
地　　址	北京市东城区嵩祝院北巷 39 号	邮　　编	100009
网　　址	www.mip1953.com	电子信箱	service@ mip1953.com

责任编辑　卢　敏　美术编辑　吕欣童　版式设计　郑小利
责任校对　葛新霞　责任印制　窦　唯
北京捷迅佳彩印刷有限公司印刷
2023 年 7 月第 1 版，2023 年 7 月第 1 次印刷
710mm×1000mm　1/16；8 印张；151 千字；117 页
定价 78.00 元

投稿电话　(010)64027932　投稿信箱　tougao@cnmip.com.cn
营销中心电话　(010)64044283
冶金工业出版社天猫旗舰店　yjgycbs.tmall.com
(本书如有印装质量问题，本社营销中心负责退换)

序

　　智能制造是个热门话题。这个话题不是凭空炒热的，而是有它内在的因素。从长远来看，智能制造将是历史发展的必然。这个发展具有划时代的意义，小到一个企业，大到一个国家，都需要尽快占领这一"战略高地"。

　　智能制造的竞争是企业核心竞争力的竞争，也是国家发展前景的竞争。但是智能制造怎么做，还没有一个确切的、放之四海而皆准的方法。《浅谈智能制造》一书作者通过对智能制造工作的思考，提出了与传统认知的纯粹技术路线不一样的角度，来看待智能制造这一大课题，通过举例说明和深层分析，阐述了智能制造不仅是技术问题，更是管理和哲学问题这一中心思想，进而介绍了应从掌握智能制造方向上着手，细微处强化高效的管理，技术上稳步推进，以此实现智能制造的有效落地。

　　该书语言通俗易懂，举例贴切形象，把智能制造这一大课题分解成诸多易于理解的小课题，散而有序，又能浑然一体构成系统性的智能制造发展推进方法，适合企业管理人员对自身智能制造工作定位、定策，也适合智能制造从业者借鉴，更适于普通大众了解智能制造，是一本不可多得的、浅谈智能制造的佳作。

前　言

　　本书主要是写给希望从非纯粹技术角度了解智能制造的企业管理人员和制造类相关企业从事信息化、智能制造工作的人员，可以供相关人员实现信息化、智能制造工作作参考。

　　多年的企业信息化应用经历，以及对政府、社会、企业等多个层面对智能制造、数字化转型推动的了解，笔者有很多感触，把它们写下来，一是做个系统的梳理，二是权当抛砖引玉，希望引起共鸣。

　　本书从不同于理论研究的角度探讨智能制造落地的思路，尽量跳出一大堆名词解释和技术术语等专业的说教套路，用浅显的语言对信息化、智能制造工作中头痛的"最后一公里"从理念、管理、规划、人才、创新、生态等多个方面给予形象阐述。将整个智能制造工作深入浅出地进行了剖析和系统化融会贯通，形成了独特的智能制造工作方法论。书中采用了大量的类比手法，让晦涩的技术问题变成通俗易懂的案例，语言直白，简明扼要，具有很强的阅读性。

　　当然，笔者从来不认为成功的经验可以简单复制，同样，好的方法也未必谁都能行得通，只能是仁者见仁、智者见智。要做好信息化、智能制造工作，有时候需要像行军打仗一般，进行攻坚克难，有时需要像春日喜雨一般，润物细无声，提前布局，潜移默化。

　　希望本书对广大读者有所启发。

作　者

2023 年 1 月

目　　录

上篇　智能制造简述

下篇　智能制造工作常见问题

上篇　智能制造简述

有没有好的方法从非纯技术的角度描述智能制造？如何进行描述？

智能制造是个庞然大物，从非技术的角度描述，让人不由自主想到了盲人摸象这个典故：盲人们各自摸到了大象的一部分，摸到大象腿的盲人说大象就像一根大柱子；摸到大象鼻子的说大象又粗又长，像一条巨大的蟒蛇；摸到大象耳朵的说大象像一把扇子；摸到大象身体的盲人说大象像一堵墙；抓到大象尾巴的人则说大象又细又长，像一根绳子。

盲人摸象用来讽喻对事物了解不全面，以偏概全，妄加评论的行为。但换个角度考虑问题，如果在没有对某一个事物了解很全面的时候，该如何着手去了解呢？最好的方法是由局部到整体，由表及里，由浅入深。从这一角度来看，"盲人摸象"未必就一无是处，我们完全可以参照盲人摸象的方法来逐步了解智能制造，哪怕开始是片面的，等积累足够并融会贯通后就能开拓一个崭新的视界。

下面四个章节就通过"盲人摸象"的方法，从多个非纯技术的角度，来摸一摸智能制造这头"大象"。

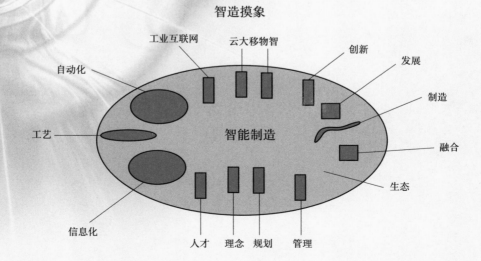

智造摸象

第一章　认识智能制造

[?]　**什么是智能制造？　我们如何理性地看待智能制造？　怎么践行智能制造？**

目前，智能制造还处于起步的阶段，站在纯技术角度不容易理解，辅以管理思路和哲学思维，对认识智能制造可能帮助更大。本章我们来初步认识一下智能制造。

想要认识智能制造，先要想明白需不需要智能制造。可以通过下面这个小故事来理解。这个小故事是在真实性案例的基础上改编的。

有甲、乙、丙三个小工厂，效益不错，美中不足的是夜里经常有盗窃案件发生，三个工厂都深受其害。围绕防盗这个主题，三个工厂都做了大量的工作。年底材料总结的时候甲工厂汇报为防盗花了 2000 万元，联合某某大学、某某互联网大厂，利用 5G 技术、视频监控技术、人脸图像识别技术、各种人工智能算法模型、联防联控自动报警等技术，开发了多位一体的智能化技防系统；乙工厂为防盗花了 200 万元，通过内部培养，建立了企业自己的人防系统；丙工厂这两样都没做。

怎么评价这三个工厂的防盗措施？体系评审的时候，评审老师分别问三个工厂防盗效果如何。

甲工厂说，效果不明显。老师就很惊讶，用了这么多先进的技术，投入资金也不少，怎么会效果不明显。甲工厂解释，技术确实都很先进，但都不是很成熟：人脸图像识别在夜里识别率不高、白天的效果受光线角度的影响很大、雨雾天气基本无法识别、存在监控盲区；人工智能算法模型还处于初级阶段，准确率不高；自动报警经常误报、延时，暂时停用了。

评审老师到了乙工厂，乙工厂说效果一般。刚开始一段时间确实有效，夜间盗窃现象少了很多，但时间长了，就发生内外勾结、明哲保身等新情况。成立的保卫部这一机构，说它没用是有失偏颇的，说它有用，运行过程中的确出现了各种问题，工厂内部不方便评价。

最后评审老师到了丙工厂，准备直接给个低分。丙工厂说："我这防盗措施很好啊，效果也不错。"评审老师不信："你连门都不像样，一踹就开；墙头都没设网，有的地方围墙还有点破落，这能防好？"丙工厂说："我们养了一条狗。

这狗特别通人性，等下班后把狗放出来，除了老板，谁进来咬谁。这段时间还逮了两个小偷，连旁边甲、乙两个工厂的偷盗情况都好了不少。"

怎么评价甲、乙、丙三个工厂的技防、人防和狗防措施？

三年后，三个工厂都成长起来了，成立了三个公司，评审老师又来评审了。甲公司介绍他们在技防上再次投入了 5000 万元，识别率有了提升，各种技术也都在探索改进，总体效果比三年前要好了一些；乙公司介绍，他们花了500 万元，请了专业的保安团队，构建了国内先进的安防体系，在加强人防建设的同时加强了物理防护，增设了摄像头等技术防护手段，盗窃情况大大减少了，效果非常明显；丙公司还是一条狗，但完全应对不了公司日益复杂的情况：一条狗根本不可能巡遍整个公司，想扩编找不到同样又忠心又聪明的狗，而且公司大了，夜班成了常态，关门放狗的情况不适用了，防盗问题一下子又严峻了起来。

怎么评价三个公司的防盗措施和效果？

再三年后，三个公司又扩大规模了，都成立了集团公司，评审老师又来了。甲集团又投入了 5000 万元，由于硬件得到了提升，软件开发日趋成熟，实现了24 小时全天候、360 度全方位、风雨雷雾全气候实时智能行为判断和预警，配合较少的安防人员就能达到非常明显的效果，同时这套系统可以无障碍复制推广，不但轻松解决了全集团的安防问题，还能对外输出智能安防系统产品，开始有了一定的盈利，后续安防系统作为产品对外输出的前景也相当不错；乙集团做得也不错，不过管理情况更复杂，安防的队伍进一步扩大，管理成本也随之上升，比原来单个公司肯定要高多了；丙集团直接买了甲集团的安防系统，看着省心省力，但接下来在安防方面是只能跟着甲集团走了，当然也可以选择引进乙集团的安防体系。

现在又怎么评价三个集团从小工厂开始实施的技防、人防和狗防策略？

故事好讲，现实情况远比故事复杂，不能简单地评价"好"或者"不好"。时势造英雄，站在风口可能会有更多乘风破浪的机会。

[?] 与新一代信息技术相关的新名词，如"信息化+""互联网+""5G+"等，该怎么理解？结合这些新名词的理解，智能制造又该怎么理解？

第一层面理解，可以简单地理解成技术应用。"信息化+"就是信息化应用到各领域或者各业务，"信息化+农业"就是信息化应用到农业领域，"信息化+服务"自然就是信息化应用到服务领域，"信息化+工业化"就是信息化应用到工业领域……"互联网+""5G+"等都可以这样理解。也可以说是"赋能"，信息化赋能农业、信息化赋能企业发展、信息化赋能课堂教学、5G 赋能远程诊疗等。

第二层面理解，可以理解成融合，最有代表性的就是"信息化+工业化"，即信息化和工业化的融合，被称作"两化融合"。

借用这些新一代信息技术新名词的理解，第一层面的智能制造就是"智能化应用至制造领域"，第二层面理解为智能和制造的融合似乎就更为妥当。

智能制造的"智能"不是简单的人工智能应用，"制造"也不是简单的机械和自动化生产，它们是在信息化高级阶段和工业化高级阶段深度融合后，进一步革命性的人工智能和生产制造的融合与突破。这两方面的融合与突破的过程，不可避免地会用到云计算、大数据、移动互联网、物联网、工业互联网平台（初步商业化应用范畴的工业互联网平台，不同于美国提出的"工业互联网"概念）等新一代信息技术。这将比以往任何一次融合规模更大、影响更深，它的突破也更值得期待。

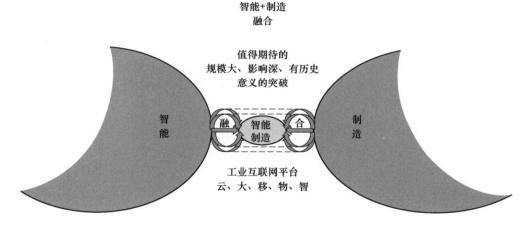

这样的融合可以预见将会是一个比较漫长的过程，所以实现智能制造的过程也将会很漫长。这个漫长的过程可以称为一个"时代"。我们目前就处在这样一个时代，称作"第四次工业革命"。

第一节　智能制造小画像

[?] 智能制造的概念怎么理解？ 通过对智能制造概念的理解， 企业如何应对？

智能制造源于人工智能的研究。一般认为智能是知识和智力的总和，知识是智能的基础，智力是指获取和运用知识进行求解的能力。智能制造应当包含智能制造技术和智能制造系统。智能制造系统不仅能够在实践中不断地充实知识库，而且还具有自学习功能，以及搜集与理解环境信息和自身的信息，并进行分析判断和规划自身行为的能力。

一般认为，智能制造的概念是日本工业界在 1989 年提出智能制造系统时被首次提出的。

20 世纪 90 年代初，日、美、欧发起的"智能制造国际合作研究计划"中指出："智能制造系统是一种在整个制造过程中贯穿智能活动，并将这种智能活动与智能机器有机融合，将整个制造过程从订货、产品设计、生产到市场销售等各个环节以柔性方式集成起来的能发挥最大生产力的先进生产系统。"

1998 年由美国麻省理工学院赖特（Paul Kenneth Wright）、伯恩（David Alan Bourne）出版的首本智能制造研究领域专著《智能制造》（*Smart Manufacturing*）一书中将智能制造定义为："通过集成知识工程、制造软件系统、机器人视觉和机器人控制来对制造技工们的经验与专家知识进行建模，以使智能机器能够在没有人工干预的情况下进行小批量生产。"

关于智能制造，目前世界上不同的国家给出的定义都不尽相同。我国对智能制造进行了如下定义："智能制造是基于先进制造技术与新一代信息技术深度融合，贯穿于设计、生产、管理、服务等产品全生命周期，具有自感知、自决策、自执行、自适应、自学习等特征，旨在提高制造业质量、效率效益和柔性的先进生产方式。"

智能制造的概念随着技术和社会生产的发展在不停地演变。一般而言，它的定义都是超前于当时的实际应用的。这就可能存在这样一个情况：你想追，永远追不上，总差那么一点。如果生产上为了追求与智能制造定义的契合，盲目投入，很多时候可能会得不偿失。所以如何根据自己的实际生产需要，合理利用智能制造技术，这是一个永恒的主题。毕竟，一个企业首先要有利润，能生存下去，然后才有资格谈其他。

我们有必要将智能制造的概念和含义转换成企业智能制造应用的近期目标和远期目标，一方面紧紧围绕智能制造大方向不动摇，另一方面从生产应用上对它进行狭义和广义的再认识和再定义，以保证企业的智能制造既能在当前实际应用中落地，又能满足长期方向的准确性。

从狭义上讲，利用"更高级"的信息化解决"高级"自动化无法完成的"更高级"自动化，就可以理解为智能制造。"更高级"的信息化，意味着超出了原有"信息化"范畴，在原有 MES、ERP、经营分析系统等基础上实现了信息化的再提升。这个再提升不是指软件功能更优、画面更漂亮、人机对话更便捷，而是意味着核心的变化，即"人工智能"的应用。那么，为什么不直接说人工智能，而是绕了一个大弯来说"更高级"的信息化，笔者认为在"人工智能"

和目前的信息化之间应该有个过渡过程，即"更高级"的信息化——甚至还达不到所谓的"弱人工智能"程度。

从广义上讲，智能制造会不停地减少人的参与，将不断成熟的人工智能技术持续运用到产品生产所涉及的各个领域，最终实现产品生产的无人化（理想的智能制造最终形态）。

企业做智能制造，既要按狭义的理解"吃着碗里的"，又要按广义的理解"盯着锅里的"，根据内外部环境适时调整智能制造各项方针政策，而不至于无所适从。

[?]　机器人、黑灯工厂算不算智能制造？ 智能制造什么时候能实现？

机器人、黑灯工厂有些人认为算，有些人认为不算。

认为它们算，可以把它们归于上述"更高级"的自动化的狭义理解。

认为它们不算，可以借用专家宁振波的话来说，"自动化不是智能制造，只有自动化和计算机结合起来，才具备智能制造的最基本条件，所以离开了信息化，不要谈智能制造。要是自动化就算智能制造，很多生产线早就实现全自动化了，不需要再提工业 4.0、工业互联网、智能制造等概念"。

"智能制造的实现需要一个时代。前几次工业革命，每一次都不是几年、十几年就能完成的，需要几十年、上百年甚至几百年的时间。要谨防还没有消化智能制造的概念就已经在'消费'智能制造了，这对智能制造工作是极其不负责任的。"

从这个角度来看，机器人、黑灯工厂确实还算不上是智能制造。

[?]　智能制造怎么做？

智能制造离不开人工智能，而人工智能又离不开大数据，所以一般企业做智能制造，大数据跟人工智能一样成为必不可少的一部分。在智能制造推进的过程中，推动大数据的应用成为众多企业的探索项、优选项、首选项。

我们怎么做大数据，又怎么做智能制造？说起来简单，无非就是定方向、定目标、定策略、定方法。怎么定？负责任点自然要考虑怎么做既经济实惠，效果又好。

做过两到三次较全面的信息化项目的企业可以回头看看，从实际的效果来看，之前做过的信息化是不是好坏参半。总结起来，信息化要做得好，关键在于厘清思路，抓住重点，明确信息化要达成的目标、达到的效果及持续优化改进的方向。没有想明白贸然去做，很难得到好的预期结果。

很多情况下评判信息化，往往都会谈投入多少，再谈效果多好。信息化好不好，不能看绝对的投入，也不要听报告，更不要看 PPT 的演示，用的人心里最清楚：如人饮水，冷暖自知。有时候，甚至用的人都说不出个所以然。你如果问，是问不出真正想要的信息的，笔者问过人，也被人问过，在这方面深有体会。根本的问题在哪？在于没有好的评判标准。

所以做信息化之前，先确定好合适的评判标准，往往能事半功倍。

有的企业其实可以通过信息化结合内部管理实现节能、降本、增效的目的，因自身存在各种问题导致做不了、做不好，通过"大数据项目""智能制造项目"把业绩包装后拿出来证明智能制造项目了不起，这种情况也能算智能制造的落地吗？这就好比明明李小龙一拳一脚的事，换个功夫明星各种花样动作演半小时，就能证明功夫明星的功夫更好吗？事实也就是更具娱乐性罢了。

所以做智能制造之前就更需要先想明白方向在哪？怎么着手做？先做哪些，再做哪些？标准是什么？

不同的企业做的内容和过程完全可以不同，最终结果能殊途同归就好。

但不管怎么做，智能制造核心的软件必须掌握在自己手里，不管多困难，这个决心一定要有。很多企业的信息化都由服务商定制开发，企业在实施过程中应该发现，信息化与业务的结合已经非常紧密了。智能制造与业务的结合更为紧密，甚至达到了密不可分的程度，必然会成为企业的核心竞争力。把核心软件都外包出去了，等到最后发现自己在裸泳的时候，还有什么竞争力可言？

对于做信息化和智能制造的制造类企业，信息化是外功，智能制造是内功。要想练好内功，首先要认识到离不开外功的基础，但跟练外功的方法又不完全一样，关键就在于它与业务结合的要求更高。

想象不出智能制造到底是什么样子？我们可以通过大飞机的飞行系统来进行类比。它虽然不是智能制造，但在巡航时对水平航迹、垂直航迹、飞行程序、飞行计划、保护区限制、地形障碍物避让等各种事件自动处理的能力很强，有实时数据采集、边缘计算、数据分析、自动执行、异常处理等功能。相对来说已经表现得很智能了，可以作为智能制造发展的一个借鉴。我们看看飞机制造商的信息化是什么情况：空客的信息化团队规模不比微软小，空客的软件规模不比微软的软件规模小，核心软件自己掌握。核心软件不掌握在自己手里，随时要去求人，是做不好信息化的，更做不好智能制造。

[?] **能不能根据定义对智能制造画像，获取可落地实施的共有特征？**

《国家智能制造标准体系建设指南（2021版）》明确指出，智能制造是"基于先进制造技术与新一代信息技术深度融合，贯穿于设计、生产、管理、服务等产品全生命周期，具有自感知、自决策、自执行、自适应、自学习等特征，旨在提高制造业质量、效率效益和柔性的先进生产方式"，它的特征定义很清晰，有

"制造技术、信息技术的深度融合""贯穿产品全生命周期""自感知、自决策、自执行、自适应、自学习"等特征。

定义很清晰，我们可以根据定义对它进行画像，以期获取可落地的实施方向。

（1）智能制造是一个有机的体系，而不是各种零星应用的拼凑。

这一点很好理解，智能制造本身就是实现了智能和制造的融合，某一个局部的应用与融合是不能称为智能制造的。例如哪怕再智能的机器人应用，也不能称之为智能制造，充其量只是智能制造的一个环节。

智能制造可以为完成某一项制造活动（一个生产车间或工厂所能生产的全系列产品，不仅仅是某个单一产品），使用一体化协同配合的人工智能技术来精准地完成包括提高生产效率、降低成本、控制产品质量。这些业务活动单纯依靠传统的信息化和自动化存在各种各样无法解决的问题，其中的主要矛盾是人的参与不可或缺，所以可以说是离不开人的智能活动。

一项活动一旦有人的参与，就存在诸多问题，比如人的技能需要有一个漫长的培养过程，人经常容易犯错误，人存在情绪化的波动，人的体能、智能、效率、精力等是有限的，人和人之间的协作存在各种各样的状况……最终导致依靠人来"润滑"信息化和自动化有一个极限，这也是一个瓶颈。

人工智能给了制造一个在高级信息化和自动化基础上再次高飞的希望。要想在此基础上再飞越上一个台阶，必须是形成一个浑然一体的智能与制造融合的体系。而局部的智能化应用，最多只能算是高级信息化、自动化的更深层次应用。

这样就很好理解了，包括云计算、物联网、大数据等一系列新一代信息技术都只是人工智能和制造融合的一部分，没有这样的基础部分，无法智能协调，成不了体系，也就成就不了智能制造。

（2）智能制造必然有信息化和自动化的应用，是两化融合的更高层次。

智能制造可不可以没有自动化？不可能。智能制造的实现必然是在自动化基础上的提升。要实现浑然一体的协调与控制，互联互通是必需的。没有自动化的信息采集与控制基础，就谈不上互联互通，更不可能有智能制造（前面已经阐述了，单点的智能化应用，不是智能制造）。

智能制造可不可以没有信息化？也不可能。人工智能必须有一个载体，那就是信息化软件。没有软件的实现，人工智能就无法体现，怎么做智能制造？所以，有一句非常经典的话：没有计算机参与的制造，不可能是智能制造。这里的计算机其实主要指的就是信息化软件，而不仅是计算机硬件。

当然，有信息化参与，有一定人工智能应用的自动化，充其量是信息化和自动化融合的高级阶段，还达不到智能制造的高度。这个度怎么把握？看工业4.0、工业互联网、智能制造这些概念是什么时候提出来的。提出来之前就能实现的十有八九是没达到，最多是工业 3.5，而不是 4.0。也就是说，远远还没有达到真正意义上的智能制造。所以，智能制造是两化融合的更高层次。

（3）智能制造必然有人工智能的参与。

智能制造本身就是人工智能和制造的融合。要在现有的高级信息化、自动化基础上实现智能制造，没有人工智能的参与是完不成的。

怎么算有人工智能呢？它的量有多少才算？有没有一个标准？

要回答这些问题，是比较困难的，目前确实没有一个比较好的标准来衡量。最好的办法还是看效果，看制造的"智能化"程度。也就是说在高级信息化、自动化的基础上，用到了"智能"软件控制的，才能算满足智能制造的其中一个必要特征。

智能制造其中的一个明显特征是极大地提升效率。这个效率可以是产品制造效率，也可以是研发效率，也可以是精准控制效率，抑或是生产线上下游协同效率，或产业链的协同效率等。总之，在高级信息化、自动化基础上，依靠人工智能进行了突破，能极大地提升某一方面的效率，形成智能制造的一个显著特征。如果没有这个特征，智能制造的竞争力就不强。没有竞争力的制造，不是智能制造。

（4）智能制造必然减人。

智能制造减人，这是不可避免的话题，但大可不必紧张。这并不是站着说话不腰疼，是有实际的破题方法的。

智能制造极大地简化流程，通过人工智能代替人作为高级信息化、自动化流程中的"润滑剂"，可以突破个人的极限、突破团队协作的极限，创造极大的生产力。流程怎么简化最彻底？通过减人！

把人的不可或缺性用人工智能来替代，这就是智能制造实现的最大困难。为什么这么说？因为在高级信息化、自动化推进的过程中，已经经过信息化减人、自动化减人进行了精简。高级信息化、自动化无法替代的人，需要具备在工作中依靠经验判断的能力，或者处理复杂情况的能力。这种情况下用人工智能来替人，要走的路还很长。

减人的同时还涉及流程的再造。把人从制造中解放出来后的流程将极大地简化，与有人参与的流程必然存在差异。流程的再造其实就是一个创新的过程，创新存在不可控的风险，所以流程再造，还需要摸着石头过河。

目前智能制造影响积极性的原因，其中有一点可能就是减人的问题。有的管理者认为，花了不少钱买技术，这些技术要求很高，实施难度很大，最终还可能达不到预期的效果，而减人的工作又存在很多犯难的情况，两头不落好；有的员工可能会认为，做好了智能制造，会让自己下岗，这是挖坑埋自己的行为，不偷偷消极怠工或者搞点拖延、破坏，是对自己的不负责任。

事实上，智能制造是一个比较漫长的过程，减人也会是一个比较漫长的过程，急于减人反而做不好智能制造。毕竟，做完一个信息化系统还需要较长磨合期，何况智能制造呢？其次，智能制造的发展最终会影响整个社会的方方面面进行变革，包括生产力、生产关系、生产方式等。这不是一时半会能完成的，也不是凭一两个企业能完成的。在这个过程中，如何考虑适应它的发展，才是上上之道。

我们要认识到，减人是有多种不同的操作方法的，譬如减去了这里的"人"，可以通过技能再培训变成那里的"人"（这个说说简单，实际操作有很多困难的地方——特别对智能制造而言。每个企业都会有不同的方法，需要悟。可以参考本书"智能制造落地短平快"章节的相关内容），最后在长时间里达到减人不减员的目的，而且还能促进智能制造工作。这就是生产方式的变革。

智能制造减人，何惧之有！

第二节　智能制造与数字化转型的关系

[?] 智能制造与数字化转型是什么关系？ 智改数转、 数智化又是什么？

数字化转型、智改数转、数智化都和智能制造有着千丝万缕的联系，但又有差异。从字面上理解，数字化转型主要是在数字化基础上进行的转型发展；智改数转顾名思义，就是智能化改造和数字化转型；数智化是数字智慧化与智慧数字化的合成。

数字化转型基于数字化的改造，再在数字化改造的基础上进行转型。怎么理解数字化？直白一点就是把信息采集进计算机。

狭义的信息专指进入计算机的信息；广义的信息一般指所有我们能看到、听到、想到的一切内容，充斥整个现实世界乃至意识世界。像手工报表进计算机，做成 Excel 是数字化；人员信息、生产物资、设备信息、各种设备信号进入计算机也是数字化。当然，Excel 处理效率、处理的能力满足不了要求，实施信息化系统，还是数字化。数字化本身的含义是在不断发展的，我们谈数字化必须结合当时的环境。

不同的专家对数字化转型有不同的理解和解释，不管怎么理解，关键是要弄清转型转什么。数字化转型，无非转组织架构、制度、流程、知识、生产模式、经营模式、上下游供应链等业务的型，也就是以数字化技术为依托，进行业务的转型。归根结底，数字化转型就是企业为了提升竞争力，在提高质量、提升效率、降低成本，以及产品、服务、合作、可持续发展等各方面的创新、创优，利用数字化手段围绕企业的生存与可持续发展主题展开的创造性改造活动。

智改数转就是智能化改造和数字化转型。智能化改造和数字化转型都是建立在数字化基础上的，智能化改造或多或少会涉及数字化转型，数字化转型不可避免会用到智能化改造的技术和成果，这方面它们是相融的。另一方面，数字化转型有些应用跟智能化改造关系不是很大，没有智能化改造也可以进行数字化转型，从一定程度来讲，数字化转型的含义更宽泛；而智能化改造，也有自己区别于数字化转型的领域，譬如设备的改造、智能算法的研究等。当然，智能化改造和数字化转型在现阶段看似毫不相干的领域，等技术深入应用与发展后，也会持续地碰撞出火花，互相借鉴，融合发展。我们简单画个图表示它们的关系，如图1-1所示。

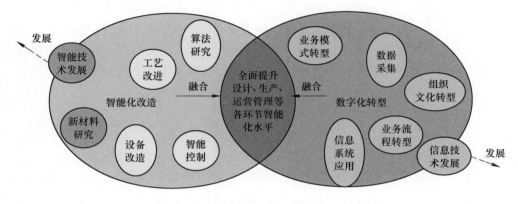

图1-1　智改数转示意图

"数智化"一词最早见于2015年北京大学"知本财团"课题组提出的思索引擎课题报告。有数有智，可以把它当作智改数转的"学术化"概念和抽象化表述，也可以理解为数据智能化——通过数据分析进行智能化应用，通过智能化技术实现数据驱动（区别于流程驱动）。

智能制造，有数字化的应用，有智能化的改造，也有数字化转型，也体现了数据智能化，还涉及信息化、自动化、设备改造等各种基础性改造和升级，是制造领域数字化、智能化等先进技术的综合性、系统性工程的集成与应用。

第三节　智能制造与两化融合的关系

[?]　**两化融合是什么？　智能制造与两化融合又是什么关系？**

两化融合是工业化与信息化融合发展的简称，指以信息化带动工业化，以工业化促进信息化，走新型工业化道路，其核心是信息化支撑。

中国共产党第十五届中央委员会第五次全体会议通过的《中共中央关于制定国民经济和社会发展第十个五年计划的建议》，提出了"大力推进国民经济和社会信息化，是覆盖现代化建设全局的战略举措。以信息化带动工业化，发挥后发优势，实现社会生产力的跨越式发展"，把信息化提到了国家战略的高度。

党的十六大指出"信息化是我国加快实现工业化和现代化的必然选择。坚持以信息化带动工业化，以工业化促进信息化，走出一条科技含量高、经济效益好、资源消耗低、环境污染少、人力资源优势得到充分发挥的新型工业化路子"。

党的十七大报告又进一步强调必须"全面认识工业化、信息化、城镇化、市场化、国际化深入发展的新形势、新任务"，同时首次明确"发展现代产业体系，大力推进信息化与工业化融合发展"。

党的十八大指出"坚持走中国特色新型工业化、信息化、城镇化、农业现代化道路，推动信息化和工业化深度融合、工业化和城镇化良性互动、城镇化和农业现代化相互协调，促进工业化、信息化、城镇化、农业现代化同步发展"。

2015 年，《中国制造 2025》正式发布，把发展智能制造作为实施制造强国战略的主攻方向。

党的十九大报告中四次提到信息化，四次提到互联网，并围绕互联网与信息化战略做出了一系列重大安排，指出要"加快建设制造强国，加快发展先进制造业，推动互联网、大数据、人工智能和实体经济深度融合"。

党的二十大报告将新一代信息技术、人工智能放在"新的增长引擎"第一、第二位。

从发展历程看，智能制造是两化融合发展到高级阶段的又一次革命性突破，是两化融合的更高层次。两化融合的更高层次，自然经历了信息化的高级阶段，也经历了工业化的高级阶段，还经历了两者融合的高级阶段，否则，如何谈革命性的突破。

所以，智能制造的基础依然是信息化和工业化，做不好信息化和工业化，智能制造属于先天不足，很难做得好，这个短板迟早是要补的。

是不是做好了信息化和工业化就一定能做好智能制造？也不是，只是基础好点而已，后面还有更长的路要走。这条路不仅是智能制造的路，同样还是信息化和工业化的路。智能制造之路将裹携着信息化、工业化合成一股巨流浩浩荡荡一起前行，这是一条不断融合发展之路，见图 1-2。

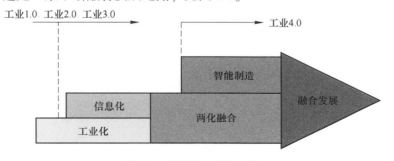

图 1-2　不断融合发展之路

第四节 智能制造与第四次工业革命

[?] **智能制造与工业革命是什么关系?**

历史上经历了三次工业革命。第一次工业革命发生在 18 世纪 60 年代,以蒸汽机作为动力机被广泛使用为标志,采用机械替代手工生产,人类进入了机械化时代;第二次工业革命发生在 19 世纪中期,电气开始用于代替机器,同时内燃机实现了创新和使用,人类进入了电气化时代;第三次工业革命,20 世纪四五十年代开始,以原子能、电子计算机、空间技术和生物工程的发明和应用为主要标志,人类进入自动化时代。

2013 年德国在汉诺威工业博览会上正式推出旨在提高德国工业竞争力的"工业 4.0",拉开了第四次工业革命的帷幕,人类进入一个崭新的时代——智能化时代,智能制造成为这个时代的核心。

我们可以发现,每一次工业革命,不仅是技术的革命,更带来了社会方方面面的深层次变革。

第一次工业革命,机械代替了手工生产,开启了小规模作坊生产,解决了人力不足的问题;第二次工业革命,开始了大规模流水线生产,解决了生产效率的问题;第三次工业革命,自动化成为主流,生产效率进一步得以提升,产品质量得到了提高和控制,解决了产品质量的问题;第四次工业革命,将开启新的篇章——解决工业智能不足的问题。

继德国提出"工业 4.0"战略后,美国也推出了"工业互联网"战略,中国开启了"中国制造 2025"战略,其他如日本、英国都提出了适合本国发展的新一代战略,由此以智能制造为核心的第四次工业革命如火如荼地开展起来。

"工业 4.0"以生产制造的智能化环节为切入点勾绘未来工业的蓝图,"工业互联网"以服务环节为切入点搭建未来服务的工业网络,它们实际上都离不开泛在网、工业智能化、数字化,只不过是在德国企业、美国企业各自擅长的不同领域为起点开始的同一场新一代革命性技术的竞赛,说到底最核心的就是智能制造。中国、日本、英国提出的新一代战略,也都是根据本国实际情况,围绕这一主题展开的。

我们仔细分析可以发现,每一次工业革命,实质上也是一次次的"动力"革命:第一次工业革命,以煤炭为主的化石能源登上动力舞台,取代人力、畜力的生物能源;第二次工业革命,电登上动力舞台,同时以石油、煤、天然气为主的化石能源，得以进一步的应用；第三次工业革命，以电子信息为"燃料动力"，燃烧起技术革命的熊熊大火，核能、太阳能、风能等新型能源开始出现；第四次工业革命，将以数据为"燃料动力"，燃烧起"人工智能"大火，驱动智能制造飞速发展，进而推动整个人类社会翻天覆地的变革，见图1-3。

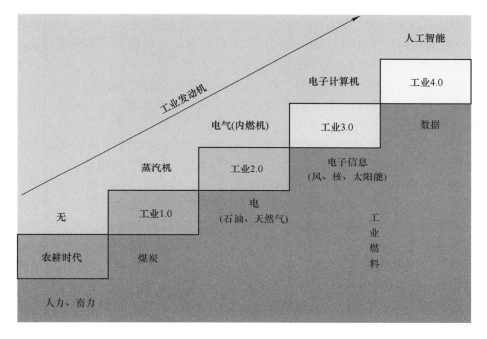

图1-3 "动力"革命示意图

智能制造引领一个时代，注定了它会是一个漫长的动态发展过程。

制造是为了什么？制造一般都是为了生产产品。每一个时代的制造，都有其瓶颈。手工业时代，制造水平主要靠人力劳动，其瓶颈在人力（也包含利用简单的风力、水力、畜力等）——人力有时而穷尽；蒸汽时代，制造水平主要靠机械，其瓶颈在于传动——依靠机械传动达到了瓶颈；电气时代，制造水平靠电气，其瓶颈在于信号处理——信号处理达到了瓶颈；自动化时代，制造水平靠信息处理，其瓶颈就在于信息处理——信息处理达到了瓶颈；智能化时代，制造水平将要靠人工智能。

以前各个时代，技术成熟了，基本上制造水平不再会有大的飞跃式的提升，瓶颈自然而然就产生了。但智能化时代则完全不同，人工智能的发展，将会如同人类社会的发展一样，远远看不到终点和瓶颈。所以，智能制造紧随着人工智能的发展将是个漫长的动态过程，它很难有一个确切的结束时间，至少短期内才刚刚开始，远没有成熟。

第五节　站在智能制造时代开端看智能制造

[?]　在时代开端怎么从浅处着眼智能制造?

站在开端看结果，这个有点难。用技术应用上的话说是"没有成功案例"。"没有成功案例"怎么办，是不是就可以不做？显然不能！做没人做过的事，摸着石头过河是很困难的，这不仅是应用，更是创新。

有人说创新我懂，想要创新，我们必须有方法。站在方法论的角度，能找到很多科学的方法或者可以借鉴的经验。然而方法和经验整理了一大箩筐，最后拿着这些方法和经验，还是一筹莫展。

为什么会产生这样的问题呢？其实这跟信息化推动过程中最头痛的"一公里"难题有点类似，智能制造也存在类似的问题，甚至会更加明显。

做信息化的时候，很多企业的信息化部门技术都懂，创新理论也学了，信息化经验也有，就是推不动信息化。原因很简单，因为技术是技术，方法是方法，经验是经验，但都不是方向。做信息化不能只盯着技术看，更要有综合的变通应用，是一个又一个现实的命题（这个命题首先应该是契合企业战略的，然后是跟业务和管理相关的，最后才是信息化技术层面的），智能制造更是如此。

解题的方向不准，纵有满腹经纶，又有什么用？所以在做信息化、智能制造的时候，我们先要给命题找个方向，然后再来谈实施。也就是说，信息化、智能制造在推进过程中，主题和落地之间存在一个纽带，就是找准工作的方向。如果连方向都没法确定，或者根本就没意识到方向的问题，怎么能谈具体的落地？没法落地，技术再强，方法再多，经验再丰富，也只能望而兴叹。

没做过的事怎么找到落地的方向，而且还能找准方向？有一句耳熟能详的话"没吃过猪肉，还没见过猪跑"？这话糙理不糙，不失为寻找智能制造落地方向的一个好方法。没吃过智能制造这块"肉"，我们能不能抓两头猪来看它们跑一跑呢？笔者抓了这样两头猪，一头是"野猪"——一个家庭五金作坊的发展，一头是"家猪"——无人驾驶。

先说说这头"野猪"，其实这不能算智能制造，但从中可以看到智能制造的一点缩影。这个家庭五金作坊是从家庭手工作坊发展起来的，始于20世纪90年代初，夫妻俩通过打工学了一点车床加工的技术，自己买了一台车床，进行五金零件的加工，通过花更多的时间，吃更多的苦，压缩更多的成本，勉强比打工赚得多点。

后来有了台式的小车床，就投资了小车床，雇了十多个人帮着一起干，产品主线也逐渐清晰起来：专门做螺丝。

再后来，又引进了新设备——冷镦机，还是做螺丝，单台设备效率直接提升了 35 倍。以前一个人做一台小车床，现在一个人轻松管理 4 台冷镦机，夜里空的时候甚至可以管理 8 台，人工成本大幅下降。

为什么说他是"野猪"呢？冷镦机充其量也就是一个自动化设备，根本就算不上智能制造。拿它来举例，一是这个例子很简洁明了，也很能够说明问题；二是它跟智能制造还是有很多相类似的地方：同样是极大地提高了生产效率，同样实现了流程简化，工人在整个生产过程的参与度及对技能的要求，极大地被弱化了，人工成本大幅下降，整体竞争力直线上升。它与智能制造的区别也很明显，像这个例子，它从一个车床的多品种的零件加工，逐步地简化到单一零件，并通过自动化实现了效率的极大提升。

智能制造比这个要复杂多了，同样进行零件加工，零件的加工种类不会少，效率同样极大地实现了提升，流程更加简化，人在里面的参与度更低，智能化的应用不仅单纯地参与生产，更参与到设计、采购、销售、服务，甚至运营、整体解决方案等方方面面，并实现一体化的智能协同。

再来说说这头"家猪"——无人驾驶，它跟智能制造就比较搭得上边了，虽然它不是制造，但在原理上非常接近：第一，它不仅用了自动化技术，而且还使用了人工智能技术；第二，它的人工智能应用是一个综合的体系，浑然一体，不存在无人驾驶某个局部功能的孤岛；第三，它的流程极度地简化了；第四，人的参与已经极少了，甚至可以没有。

通过观察上述"两头猪"的"跑"，我们可以把智能制造的特征进行概况、抽象。通过观察更多"猪"的"跑"，就能很好地找准方向，然后在这个方向上坚持运用各种技术、方法和经验，最终向智能制造的终极目标稳步迈进。

第六节　智能制造后时代的探讨

[?]　展望智能制造前景，该喜？该忧？

智能制造的实现会极大地将人从制造的活动中解放出来，不但从普通的体力劳动解放出来，甚至会从大部分的脑力劳动中得到解放。这样的意义不亚于直立行走解放人的双手，可以称为人类的第二次"直立行走"。

那么第二次"直立行走"后，人干些什么呢？首先，在智能制造初级阶段，机器设备是需要维护的，智能软件同样需要维护，这些都需要人的参与；同时，机器设备、智能软件的更新换代也仍然需要人的参与。其次，在经过初级阶段发展后更进一步的高级、超高级智能制造阶段，智能机器设备、智能软件都逐步由智能机器人、智能化软件代替人来维护，但进一步的创新活动永远离不开人的参与。

可以把智能制造分为三个阶段：初级智能制造、高级智能制造、超高级智能制造。

初级智能制造：开始局部应用人工智能，包括设计研发、生产制造过程、经营管理、上下游供应链中的各类应用都已经具备并初步融会贯通。

高级智能制造：较强的人工智能（还是弱人工智能范畴，但已经比较成熟）已经在整个制造过程实现融会贯通。这个阶段跟前文提到的广义的智能制造在同一个范畴。

超高级智能制造：具有自学习、自诊断、自维护、自生产、自研发，表现有一定程度生命智慧的制造单元。

在超高级智能制造阶段，智能制造日趋成熟，已经发展到"强人工智能"甚至"超人工智能"阶段，这时候的智能制造，很多"脑力劳动"也会由人工智能来实现。

这又牵扯到另一个话题：人最终会不会被机器或者说被机器人替代。这里说的替代不是局部的，而是指社会层面的替代，换个说法就是机器人有没有可能消灭人类？这个可能性非常高。在实现了超高级智能制造的时候，带有"超人工智能"的机器人自然而然会产生并融入人类社会。到了那个时候，人类需要做的最重要的工作可能就是如何防止人类被机器人取代了。

有的人很乐观，觉得这是一个非常幼稚的笑话，机器人压根不可能有那么"聪明"；有的人从伦理角度来"防范"机器人的"反叛"，这些都是不足取的。只有认真对待，清楚地认识机器人能发展到什么程度，才能找到有效的解决方法。

一种观点，机器人能做重复的体力劳动，以及简单的"智能"活动，但不可能产生真正的"智能"。那么，真正的"智能"又是什么呢？图灵曾经给过一个图灵测试的模型：在不知道对方是人还是机器的前提下，从他/它的行为上无法分辨是不是真的人，那他/它就是智能的。虽然人工智能要达到图灵测试模型的水准还有点远，但从目前的技术发展趋势看，这个可能性还是很大的。

人的行为习惯、思维习惯将来是会被一项项分析并模拟出来的。比如，现在的飞机自动巡航技术比人差吗？看看很多年前就发展起来的游戏外挂，比人操作差吗？唯一的困难在于目前还无法把人的行为习惯、思维习惯全部抽象出来。等到能抽象出来的那一天，图灵机的实现也就不远了。笔者断言，到那时候它甚至会比大多数人都要更"聪明"——至少"记忆力"比人更好，不容易疲倦，不容易出错。

爱迪生说过：天才是百分之一的灵感加上百分之九十九的汗水，当然，没有那百分之一的灵感，世界上所有的汗水加在一起也只不过是汗水而已！

借用爱迪生的话套用一下："聪明"在于百分之九十九的勤奋加百分之一的灵感，但是缺了那百分之一的灵感，全是"笨蛋"。那么是不是说机器人不会存在这百分之一的灵感呢？也不全是。灵感这个东西很难说明白，粗略分辨，有与生俱来的综合应用能力、非比寻常的经验判断、直觉、顿悟等。

有一种观点，机器人再"聪明"，它不可能有"直觉"。笔者看来未必。直觉是什么？首先直觉不会全对，有的人直觉准确率很高，有的人准确率很低。所以直觉未必就是一个非常特殊的智能过程。通过分析各种直觉与原有智能活动的关联关系，"直觉"是有可能被再造的，而且再造的"直觉"准确率可能还不低。只是这个过程比目前讨论的"人工智能"更艰巨。艰巨并不是说达不到，时间能抹平所有看似无法完成的艰巨工作。如果直觉能人工产生，与生俱来的综合应用、非比寻常的经验判断是不是同样不在话下？

剩下的可能就只有顿悟一类的智能活动了，可能这才是最终人和机器的本质区别。那是不是靠顿悟，就能保证人类社会不会被机器人所取代？不可能。顿悟的创造可遇不可求，在人的智力活动中少之又少。可能在百分之一的灵感里，顿悟占比不到百分之一。人类社会的突破性发展靠融会贯通后的顿悟，但普通的生存和生活完全不需要顿悟。从这一方面讲，机器人完全能完美地取代人类。假如存在人类被机器人取代的危急时刻，未必有顿悟后的高科技或者高等文明能及时抵抗住不输于人的机器人的侵犯，甚至有可能完全没有暴力的侵犯，只是细无声的侵蚀，等发现的时候，已然大势已去。

为什么就能断定机器人没有顿悟活动呢？机器人毕竟是机器，不会有人的情感，哪怕可以模拟，那也是不真实的。人的情感有哪些？喜、怒、哀、惧、爱、恶、欲，有自私性、有占有欲、有社会性、有道德、有生活……凡此种种。而且人的情绪化带有随机性，带有社会性，附带着个人的认知和经历。以机器人来理解，缺了这些元素，"直觉"可能都会打折，更不要说顿悟了。

开悟，悟的可并不仅是自然规律，悟的更是人心、本心。有些自然规律，不用"心"，悟不了。不信？可以想想为什么到现在爱因斯坦的理论还是这么难理解。

"心有猛虎，细嗅蔷薇"，这种意境不是机器所能拥有的。如果有，就需要再重新审视一下，"它"还是机器吗？"它"还仅仅只是人工智能吗？

想得明，分得清，就没啥可怕。人工智能是人工智能，机器人是机器人，没有人工智能和机器人，人类其他方面的自我毁灭，也一样拦不住！

机器人可能会取代人类，这又何惧之有？

本章小结

　　认识智能制造，就像认识人体自身一样，如果把智能制造比喻成一个人，装备自动化是基础，是肉体、筋骨；信息化是心、是灵魂；智能算法是神，用法如有神；数据是血液，有血液的流通，躯体才能保持正常的代谢和活动。数据通过信息化的加工形成知识，知识经过智能算法的运算蜕变成人工智能，以人工智能为核心的技术架构起企业智能制造体系，这是不是一个简单的具备实践应用方向的智能制造定义。

第二章　智能制造技术"五大金刚"

❓ **智能制造技术"五大金刚"是哪些？是"金刚"还是"骗子"？**

"云、大、移、物、智"分别指的是云计算、大数据、移动互联网、物联网、人工智能这五项技术，这五大技术构成了智能制造技术的"五大金刚"（图2-1）。当然，智能制造技术不仅就这五项。

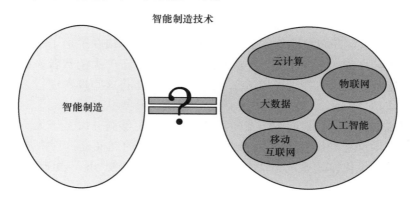

图 2-1　"五大金刚"与智能制造

为什么说它们是"五大金刚"？"云、大、移、物、智"这五项技术与智能制造有非常密切的联系，以至于刚开始推广智能制造的时候，有很多专家或者组织评价智能制造活动都以这五大技术的应用为参考，包括现在它们也仍然在智能制造活动中占有很重要的地位，但笔者把它们称为五大"骗子"。

说这"五大金刚"是"骗子"，不是说技术方向存在问题，而是说技术的应用跟实际情况有一定的差距，或者说脱节。

第一个方面，如果先认定了这五大技术再来找应用场景，那就是拿着应用、拿着技术找落地，这个是相当困难的，远远没有根据实际需求和实际问题找技术解决方案更顺利。

举个简单的例子，航空技术可以登月、可以探火星，其中航空发动机的技术非常先进，是不是就可以拿着这样的技术到服装生产厂找技术落地场景？明显不是很合适。虽然拿着这个技术每个领域每个企业每个场景找过去，最终可能真的能够找到落地，但这无异于大海捞针，效率低、推广成本高，很不经济。

但是反过来，服装生产厂却可以针对现有的技术问题，找各领域的技术，包括航空发动机技术，找类似应用、找思路、找方法，甚至找已有的产品进行跨行业的应用，寻求一系列的解决方案，最终解决服装生产上对应的技术问题。这是一个非常常规的操作，目的性和针对性强，更符合客观问题解决的思路，对技术问题的突破也更顺、更容易。

就如风洞试验在 F1 方程式赛车中的应用越用越好，并不停地在向其他领域渗透，不过在拖拉机制造领域的应用估计还言之尚早。

第二个方面，这五大技术都是比较先进的技术，技术应用的成本相对比较高。我们在应用技术的时候，不但要考虑能不能解决实际问题，更要考虑它的投入和产出是不是合理。如果说投入和产出很不合理，投入高，产出不如人意，那么这样的技术可能还需要时间的沉淀。

拿我们现在至少人手一部的智能手机来说，在乔布斯推出第一代苹果智能手机之前，很多技术早就已经非常成熟了。但这些技术都锁在了柜子里，一直得不到应用，为什么呢？主要还是一个成本的问题。相对于广大消费者来说，成本太高，可支配收入太少，在这样的情况下完全没有办法将这些技术进行大范围的集成并推广应用。

所以说如果一项技术或者一系列技术推广成本足够高，以至于无法大规模推广，这些技术也是难以在实际生产中得到有效利用的。推进过程中成本的最小化、效果的最优化、效益的最大化是"云、大、移、物、智"可持续应用发展的重要保证。

第三个方面，"云、大、移、物、智"五个技术，在应用方面还有一个很困难的地方，就是很多企业数字化程度普遍不高，也就是基础太差，应用起来自然就更容易磕磕绊绊。

中国航空工业信息技术中心原首席顾问宁振波教授在《三论智能制造的基础-数字化和人工智能》演讲中说道："1991 年波音 777 研制的时候用了七八百种工业软件，互不关联，形成了 14 个报表。2005 年 787 的研制上了一个大台阶，形成了波音的全球研制体系，用了 8000 种工业软件。波音现在有 8500 种工业软件，也只敢说是数字化，不敢说智能化。"

通过这段话，我们可以窥见一斑：数字化转型工作任重道远，智能制造道路任重道远。

智能制造最大的问题是成本问题：一是新技术应用的成本，二是新技术创新突破的成本。应用成本居高不下、技术进步难度大、进展缓慢、效益不明显、总体见效慢。如果不能从根本上实现成本最小化，智能制造技术真实施，"假"落地的情况将不可避免。

本章主要从防"骗子"的角度来谈谈智能制造技术的"五大金刚"。

第一节　云　计　算

[?]　**从浅处着眼怎么看"云计算"？**

从字面意思理解，云计算就是计算资源和数据存储资源像天上的云一样，哪需要"飘"到哪。

我们看一段描述："云计算不是一种全新的网络技术，而是一种全新的网络应用概念，云计算的核心概念就是以互联网为中心，在网站上提供快速且安全的云计算服务与数据存储，让每一个使用互联网的人都可以使用网络上的庞大计算资源与数据中心。"

这是最终的一种云计算形态。

美国国家标准与技术研究所是这样定义的："云计算是一种按使用量付费的模式，这种模式提供可用的、便捷的、按需的网络访问，进入可配置的计算资源共享池（资源包括网络、服务器、存储、应用软件、服务），这些资源能够被快速提供，只需要投入很少的管理工作，或与服务供应商进行很少的交互。"

云计算架构一般认为有三层，分别是基础设施层（IaaS，基础设施即服务，主要包括计算机服务器、网络设备、存储设备等）、平台架构层（PaaS，平台即服务，主要包括操作系统、开发工具等）、软件应用层（SaaS，软件即服务，通过互联网提供软件服务的软件应用模式），还有人提出了DaaS（数据即服务）、KaaS（知识即服务）的概念。软件即服务目前仅有部分应用，数据即服务、知识即服务还有待进一步发展完善和验证。

目前国内云计算主要分为三类：公有云、私有云、混合云。公有云的概念跟上面的描述比较接近，计算资源和存储资源全都通过互联网获得；私有云，是一个与互联网相对隔离，参照公有云搭建的小型云计算资源；混合云好理解，既有一部分公有云的成分，又有一部分私有云的成分。

云计算涉及的计算资源包含从硬件集成到网络、到平台、到应用的所有场景，包括存储资源的虚拟化、内存资源的虚拟化、计算资源的虚拟化、数据库资源的虚拟化、操作系统资源的虚拟化、网络资源的虚拟化、应用软件的虚拟化等。

虚拟化是什么意思？可以把虚拟化当成一个有求必应的黑盒子，你需要什么，需要多少，它都能通过网络服务满足你的需求，不需要再购买服务器，配置CPU、内存等实物，也不需要服务器上架、安装操作系统、开发软件等工作。

云计算首先能提高效率，包括减少服务器、存储、网络设备、应用软件的集成、架构、开发时间；其次，可以节省硬件存放空间，同时因为硬件的减少，日常能源消耗可以明显降低；再次，虚拟化的资源分配和应用更加有助于提高资源的利用率，减少资源浪费；最后，云计算可以集中维护，能极大地降低维护成本。

对中小型应用来说使用公有云能提高安全性、稳定性、可靠性，降低信息化管理人员的技能要求；对大中型应用来说，私有云能提高保密性和减少对网络带宽的依赖；混合云则介于两者之间。

[?]　说云计算是"骗子"，体现在哪些方面呢？

第一，大型私有云的应用通过技术团队的运作，包括通过开源软件的二次开发，自研云管软件等方法，能明显降低投资成本，但对于几十、上百台服务器的应用则未必能节省多少投资。一方面是操作系统、数据库、虚拟化软件、云管软件等资源的授权并不便宜，另一方面是服务器、虚拟化软件等兼容性并没有理想的那么强，它们的更新换代也很频繁。

第二，公有云的应用，受制于网络带宽比较明显，而且性价比未必真的高。如果应用少，看上去划算，其实资源原本就不多；如果应用多，网络传输会增加成本，安全、稳定方面的可信度也会有影响，还存在一定概率的泄密和应用失效、数据丢失等风险，需要解决的问题不少。

第三，应用的真正"云"化还任重道远。目前还没有针对所有需求都有求必应的"云端"应用——从定制开发向云服务转变的工作并没有想象中的简单。

企业在具体应用时，不能动辄使用新技术，求新求异，而要根据各自企业的实际情况，选用适合企业当前发展的技术路线和解决方案，一方面健康发展，另一方面积累技术，同时也不全盘否定新技术，寻找合适时机，顺其自然引入应用。

第二节　大　数　据

[?]　从浅处着眼怎么看"大数据"？

大数据（big data），或称巨量资料，指的是所涉及的资料量规模巨大到无法透过主流软件工具，在合理时间内达到撷取、管理、处理并整理成为帮助企业经营决策更积极目的的资讯。在维克托·迈尔-舍恩伯格及肯尼斯·库克耶编写的《大数据时代》中，大数据指不用随机分析法（抽样调查）这样的捷径，而采用所有数据进行分析处理。大数据的5V特点（IBM提出）：Volume（大量）、Velocity（高速）、Variety（多样）、Value（低价值密度）、Veracity（真实性）。

有人认为大数据有四个主要特点：Volume（数据容量大）、Variety（数据类型多）、Velocity（数据存取速度快）、Value（数据应用价值高）。

也有人认为大数据的四个主要特点是：Volume（数据量大）、Variety（数据类型繁多）、Velocity（处理速度快）、Value（价值密度低）。

总体上笔者比较认可数据量大、数据类型多、处理速度快、价值密度低的特点，但随着"模棱两可的大数据应用"，价值密度低的特点，相对来说有些弱化了，下面简单作个说明：

数据量大：大数据处理的不是 TB（1024GB）及以下量级的数据，而是 PB（1024TB）以上量级的数据。

大数据其实是一个仁者见仁、智者见智的概念。但有一个核心不变——大数据包含的信息量极大，远远超过人脑的计算能力和处理能力，也超过了传统主流软件工具的计算和处理能力。

数据类型多：除了传统的关系型数据，还有半关系型数据，非关系型数据，主要有日志、文字类文档、视频、音频、图片、各种信号等。凡是数字化的信息，理论上都可以作为大数据的数据类型。

处理速度快：对于 PB 以上量级的数据，处理速度比传统手段快多了，特别是实时分析效果显著，这主要得益于大数据的分布式计算技术。

处理速度快这个特性很重要，是相对于传统的非大数据技术来说的。大数据的分布式计算可以突破单个硬件资源瓶颈的限制，动态跨硬件平台整合计算资源，使计算效率得到极大的提升，拥有远超传统数据库工具获取、传输、存储、管理和分析数据的能力和灵活性。这个特性使大数据的实时分析成为可能，同时也是智能制造可以实现实时反馈—控制的基础，对智能制造的最终实现非常重要。

价值密度低：从大数据中挖掘到价值结论的信息相对传统的电子报表数据、关系型数据、专家系统、模型来说占整体分析数据的比例低得多。当然，价值密度低并不是说大数据的很多数据都是多余的，可以舍弃，事实上它们都有存在的意义。如果能从大数据海量的数据中提取出有用的应用价值，这些应用价值一般都会很高，而且用传统手段很难提取得到。

关于大数据价值密度高和低的问题，我们可以通过例子来说明：有些企业的数据量不是很大，远远没有达到 PB 级（大数据平台分析的数据不是将所有未经处理的图像、声音、信号量等数据直接采集、存储和分析，而是经过了边缘计算"精简"过的数据，单纯堆砌到 PB 量级的数据毫无意义），为了大数据应用而大数据应用，甚至做了不只一个大数据平台，笔者称其为"模棱两可的大数据应用"。这样类似的做法似乎还有越来越普及的趋势，这样的大数据应用就完全没有必要。它们中有的只是把关系型数据库中的数据抽进大数据平台运算一下而已，譬如在一个地级市开 10 家超市，用大数据技术分析采购、销售等已有的关系型数据来生成一些报表，这样"模棱两可的大数据应用"，价值密度还真的不低，完全可以跟传统的信息系统相提并论，但意义不大。

大数据的概念和定义相对来说异议较少，但随着技术的进步也会不断调整，而且不同行业根据各自不同的应用也有不同的理解。"大数据"的内涵已经超出了数据本身，给我们带来了新的"机遇"与"挑战"：原先传统信息化技术无法（或不可能）发现的价值，通过大数据技术可能被发现；原先无法实现的计算目的（如海量数据的实时分析），现在得到了实现；原先一直认为"正确"或"最佳"的理念、理论、方法、技术和工具越来越凸显其"局限性"，在大数据时代有了新的突破，进一步开拓出新的视界。

[?] **用通俗的话描述，大数据是什么？**

大数据首先是数据，而且是数字化了的数据，它跟设备无关，跟处理机制无关，与处理技术无关，它就是数据，它就这样默默地存在，不管你想到它也好，没想到它也好，处理它也好，不处理它也好，它就这样存在着。

大数据让很多人看着就头大。头大在哪里？数据量大，传统处理方法不好处理；数据量大，传统处理方法成本太高；数据量大，大量的非关系型数据没法存储、没法处理；数据量大，不知道有没有用，丢也不好存起来也不好……

多大规模的数据能算大数据？在一个地级市开 10 家超市，累积的数据算不了大数据；在一个省每个地级市开 10 家超市，这些数据也未必算得上大；在全国每个地级市开 10 家超市，这样的数据应该能算大数据了。有些企业传统的信息化做不好，认为在一个地级市开的 10 家超市，数据量太大，处理不了，是大数据，要用大数据技术处理，那也不能一棍子把人打死，非不让他这样干——超市所有的摄像头一天 24 小时的数据量就不小，还是非关系型的数据，处理起来真不好办。说它没用，还真可能有用；说它有用不知道怎么用。事实是绝大部分都没用，而且没用的数据就是去不掉，一筹莫展。

所以数据量大，囫囵吞枣是不行的，得把它进行分类。哪些是关系型数据，哪些是非关系型数据；哪些是高频数据，哪些是低频数据；哪些是可预先处理的数据，哪些是必须原样保留的数据；哪些是当前相关的数据，哪些是目前不需要关心的数据……分完类，针对数据不同的体量、种类、性质、重要程度等特征，采用相应的技术进行处理和分析，这就有了大数据平台架构。所以，针对不同的"大数据"，大数据平台技术不会一成不变，能解决实际需求的才是最好的。

[?] **怎么评判一个大数据平台是否真的有必要？如何考虑确定大数据需不需要做、如何做的方向？**

首先，看它涉及的数据量。数据量不大的情况下，利用传统的信息化方法快速得到结果，不存在无法逾越的技术难题。

涉及的数据量不是简单地把所有能想到的原始数据进行采集、抽取、堆砌，而是要经过边缘计算的预处理，提取大数据分析需要的数据。譬如视频数据，把视频数据全部采集进大数据平台，希望等待哪一天能进行分析，这样处理除了浪费大数据平台的存储资源和计算资源，没有任何益处——完全把大数据平台当成了数据存档系统。视频数据只有得到及时的分析，才有进一步的应用价值和应用提升的空间。

如果数据量不是很大，完全可以用传统信息化手段处理，没必要非盯着大数据技术。它不是万能的——自己都没想清楚怎么处理、分析数据，大数据技术很可能不是最优化手段。

其次，看所分析的结果是不是利用传统的信息化手段确实没有办法实现。有的大数据平台就做了一些报表，实际上大家都清楚，用一个关系型数据库加一个应用软件，同样能做出这些报表，那非要搭一个大数据平台做什么呢？典型的杀鸡用牛刀。

再次，看所分析的结果是不是专家系统、模型没办法处理和分析得到的。如果专家系统、模型完全可以胜任，难道用大数据技术重做一遍，寻求画面更漂亮吗？

最后，看实时性要求高的需求和应用有多少，如果不是多到传统信息化手段没法应对，用大数据技术还是稍显超前了——一个平台架构上去，如果不用足，基本等于浪费了。硬件在不停地发展，软件在不停地进步，技术思维也在不停地变化，用了但用不足、用不到位就等于做了表面文章，如果不是为了噱头做示范、做推广，意义不大。

如果信息化系统本身能很好地分析数据，或者 BI 就能实现，那为什么要用大数据技术呢？难道它分析得更好？这不一定，不过成本更高是真的。

有些所谓的大数据应用，只是把数据采集和存储做了，部分的梳理工作（远不是数据治理）做了，通用的分析也做了（不用大数据早就有这样的分析了），甚至 AI 算法分析也有了（在原有模型和经验的基础上，用各种 AI 的算法逐个试，哪个结果接近就算匹配了），这样的做法需不需要，可取不可取，后续怎么做？

需不需要、可取不可取还是其次，最关键的是后续怎么做？后续再做些类似采集、存储数据的重复工作，再多做一些已有的分析报表，再凑一些 AI 算法的"落地"应用，在大数据应用技术层面而言，意义真的不大。

大数据的应用，在某些特定的行业和领域，确实已经用得比较好了，但并不是说它就能推广应用到所有场景。具体行不行、能不能还是要好好分析一下，不能看到新技术就一头扎进去。要真这样，不是它想做"骗子"，而是人们有些傻，当然也可能有很多人在装傻。

从 BI 出现开始，总经理查询系统、管理驾驶舱、数字化看板层出不穷，绝大部分都是失败的，最好的应用是放大屏上用于参观展示，也有代替电子报表用于经营分析会等作决策参考的。

为什么绝大部分都是失败的？企业内部（或者聘请外面）的信息化团队，经过了 3 个月、6 个月甚至 12 个月的开发，总经理、厂部长第一次看到 BI 工作成果，会感觉很惊艳，各种图形图表，非常漂亮，效果不错；第二次看无非就是三种情况：没意义的；早就知道了的；以前还真没注意，确实发现有问题的。"没意义的"就不用讨论了；"早就知道了的"，说不定还不如原来的报表看得更直观；"以前还真没注意，确实发现有问题的"，这一类真的很少，可以说凤毛麟角。真有这样的情况，马上会进行整改，问题也就没了。所以，第三次还有多少人乐意花时间和精力去看？

总经理查询系统、管理驾驶舱、数字化看板开发这么长时间，跟"研究"差不多，一出生就宣告结束了。不失败的，也是勉强在某一个环节做点简单应用，与开始做之前的大张旗鼓、信心十足形成了鲜明的对比。

它们怎么失败，大数据应用就怎么失败！

大数据应用的适用场景，无非就是几个：一是通过分析找到问题的根源；二是通过分析供决策持续应用；三是解决传统信息化手段解决不了的技术瓶颈。

第一种情况，通过大数据分析，得出结论，针对性地改善，解决问题，接下来换主题重复这一过程；第二种情况，通过大数据分析，得到结论，参考使用，持续改进分析方法，直到经营业务活动不再需要；第三种情况则凸显了大数据的技术优势。

厘清了适用场景，再来分析投入和产出合不合理，做起来心里才更有底，应用才更有针对性。

不管 BI 也好，大数据应用也好，最容易失败的地方就是把数据分析利用的活干成"研究"性质的活。想要实实在在做好大数据技术的落地，只有好好做好数据分析利用这篇文章，大数据应用才越来越有活力。

大数据怎么利用才合理？笔者觉得如果没有想透彻，确实不好利用。合理地利用大数据，需要有科学的认知思维，而不是眉毛胡子一把抓，把数据全部塞到模型算法里去计算，幻想能够出现奇迹。

举个例子：17 世纪，比利时科学家海尔蒙特进行了一项著名的柳树实验，他在一个花盆里栽种了一棵柳树。栽种前，花盆里的泥土经过高温烘烤干燥后称重。以后的 5 年中，海尔蒙特除了只给柳树浇水外，没有在花盆里添加任何物质，每年秋天柳树的落叶也没有称重和计算。5 年后，他将柳树和泥土分开称重，发现柳树的重量变多了很多，而泥土烘干后的重量只比原来减少 100g。于是他得出结论：柳树获得的物质除了 100g 泥土，其余的都是来源于水。

这个例子说明，如果我们的认知思维欠缺，用数据是得不出正确的结论的。对大数据的利用也是如此，如果认知不足，是没有办法合理地利用大数据的。

大数据是一种资源。第一章提到：第一次工业革命，以煤炭为主的化石能源登上动力舞台，取代人力、畜力的生物能源；第二次工业革命，电登上动力舞台，同时以石油、煤、天然气为主的化石能源，得以进一步的应用；第三次工业革命，以电子信息为"燃料动力"，燃烧起技术革命的熊熊大火，核能、太阳能、风能等新型能源开始出现；第四次工业革命，将以数据为"燃料动力"，燃烧起"人工智能"大火，驱动智能制造飞速发展，进而推动整个人类社会翻天覆地的变革。

人工智能就是第四次工业革命的发动机，大数据就是这个发动机的工业燃料。在内燃机没有发明之前，石油有什么用？所以，在人工智能没有从实验室真正走出来得到充分应用之前，大数据能有多少用？（当然即使人工智能成熟了，工艺、研发等人员也不可或缺——他们是可以发现柳树还参与了光合作用的人。）

所以，不管是对大数据还是传统的关系型数据来说，分析利用数据才是重中之重的定位和方向。当然，我们对大数据技术也不必视其为洪水猛兽，既来之则安之，守住资源，合理开发利用资源是历史的必然。

在实际的大数据应用中，还会经常遇到无病呻吟和有病乱投医的——不管三七二十一，先搭一个大数据平台再说，有什么数据先放什么数据，走一步看一步，不管大小、多少也是个大数据应用。

治大国如烹小鲜，治大数据如刺小绣。刺绣怎么绣，首先应该设计一个主题，确定如何构成一幅画，可以是一个人物肖像，可以是一朵花、一个动物……接下来针对每一个单元进行"制作"，包括用不同材质和颜色的线，不同的刺绣手法等，一个单元一个单元地实现。从来就没有听说过拿来各种线一大堆，告诉你所有素材都在了，您想做啥都不缺，您看着做出来吧；也没有听说过先绣一块再说，其他地方还没想好——这样做的结果很多时候往往是整体报废，从头再来。所以做大数据也应该是类似的思路，先考虑要做什么，再具体实施。

第三节　移动互联网

[?]　**从浅处着眼怎么看"移动互联网"？**

移动互联网，简单地说就是移动通信与互联网的结合。

一般认为，移动互联网是 PC 互联网发展的必然产物，是互联网的技术、平台、商业模式和应用与移动通信技术结合并实践的活动的总称。

也有认为移动互联网是移动和互联网融合的产物，继承了移动随时、随地、随身和互联网开放、分享、互动的优势，是一个全国性的、以宽带 IP 为技术核心的，可同时提供话音、传真、数据、图像、多媒体等高品质电信服务的新一代开放的电信基础网络，由运营商提供无线接入，互联网企业提供各种成熟的应用。

移动互联网有很多成功的应用，比较熟悉的微信、支付宝、各种外卖和打车软件等，基本上手机上的 App 都可以看作是移动互联网的应用。

移动互联网确实是个好技术，但也要看情况。不说其他，每次能快速抢占市场的移动互联网应用，哪个不是烧钱烧出来的。站在风口的猪群，最后飞起来的有几个？作为一个传统的制造类相关企业，确定可以这么干？

说到移动互联网，不得不说 5G 技术的应用。5G 有它的优越性，也有很多适用的场景。譬如 AR/VR 的应用，拖根线总不是办法；无线网络，跨城、跨省了也不好办！

目前 5G 热度非常高，虽然绝大部分人都认可的成功应用场景不是很多，但确实是一个必然的发展方向，后续应用场景和成熟应用会越来越多。平心而论，wifi 覆盖（wifi 技术也是在不停地进步，如果仅仅就以技术参数而言，5G 没有绝对的优势）困难的地方就是 5G 最有优势的地方。但眼下不可避免存在一些很现实的问题，如初期投入成本高、运行维护成本高、相对于固定光纤的延时更长等。要在制造类相关企业落地，很多应用场景还有一定的难度。必需不必需，必要不必要，投入产出合理不合理，每个企业有自己不同的考量，用也是好的，暂时不用也没什么奇怪。

移动互联网同时也是智能制造中的一项基础技术。移动互联网的意义就是将不适合固定互联的部分边界能顺畅地接入到整个智能制造体系，使之浑然一体，不再有游离在体系外的孤岛。

移动互联网与物联网有相同的地方，也有不同之处。从物联网的广义角度看，移动互联网也可以算作物联网的一个分支；从移动互联网专属应用的角度看，移动互联网显然比物联网纵深跨度更大，单体应用更复杂，毕竟目前移动互联网的应用都是智能移动终端为主体，物联网的终端功能普遍要差一些。

也有可能，移动互联网和物联网发展到最后会有一定的融合趋势。但至少目前两者的界限还是很清晰的。

第四节　物　联　网

[?] 从浅处着眼怎么看"物联网"？ 为什么物联网在制造类相关企业并不好做？ 物联网与智能制造是什么关系？ 传统的两化融合架构体系能不能满足智能制造"万物互联" 要求？

最早的物联网概念来自 RFID（射频识别）领域，广义的物联网概念，一般认为是"未来的互联网"或者"泛在网"，能够实现人在任何时间、任何地点、使用任何网络与任何人与物的信息交互以及物与物之间的信息交互；狭义的概念，物联网是物物之间通过传感器连接起来的局域网，不论接入互联网与否，都属于物联网的范畴，即通过信息传感设备，按约定的协议，将任何物体与网络相连接，物体通过信息传播媒介进行信息交换和通信，以实现智能化识别、定位、跟踪、监管等功能。

物联网很好理解，就是物（至少包含了人和机器设备）联上网，也称为物物互联，万物互联。物联上网，主要是为了互联互通，保证数据的畅通传递。只有保证数据的畅通传递，才有进一步的数据实时分析（包括人工智能分析）和及时反馈、控制、调整，才有整体的智能协同。

当前，物联网应用越来越多、应用领域越来越广，做得好的行业和案例不少，智能家居、智慧仓库、智慧物流、智慧医疗等都跟物联网的应用分不开。不过仔细分析，很多物联网应用都只是有限场景的数据采集分析和反馈控制，从面上讲并不广，从万物互联角度讲还只是初步的应用，侧重点更多地集中在点和线，要想在智能制造体系中实现完整的物联网应用还需要做很多工作。

物联网在制造类相关企业并不好做。究其原因，一是万物互联上网有点贵，传感器数量多，成本也比较高；二是传感器技术还有待进一步发展，在一些应用场景，如高磁场干扰区域，有些传感器还无法满足当前生产的需求；三是智能化应用还不够成熟——联网的人、机、物（都是物的范畴，下同）多了，数据识别和处理的机制需要更具智能化。

从智能制造技术来讲，物联网是非常重要的一个基础技术。万物互联，很明确地表明了它的功能：采集各种信息，接收指令，使上下、左右、前后互通，形成一体化的系统贯通应用。在一个智能制造系统内，万物如果能做到如身使臂，如臂使指，智能制造离成熟就不远了。

物联网采集的信息包括人、机、物的属性信息、状态信息、动作信息等各类信息，可以是声音、图像、视频、电子信号、日志等各种数据形态。这些信息需要实时处理，处理过程需要有自学习、自适应等智能化功能，否则遇到没有预先设定的数据规则会发生各种无法处理的意外情况；同时，数据处理后，智能控制中枢（不限于集中、分布还是分级架构的协同）应该及时协同各单元的动作，对各节点的人、机、物发出各种指令，及时调整"万物"的状态和动作，使整个智能制造体系顺畅、"智能"运作。

这样的智能运行模式，可以和人进行类比。"万物互联"实现了人体对视觉图像、嗅觉、味觉、声音、触觉的采集和传递，经过大脑分析，实时将神经指令发送到躯体各部分，及时地协调控制，完成各种动作。所以万物互联是智能制造体系非常基础的一项功能。

在原有两化融合架构体系下，制造类相关企业的信息互通，从 L1、L2（企业信息化一级二级，包括 PLC、PCS 等）到 L3、L4（信息化三级四级，主要指 MES、ERP）直到 L5（集团管控级或企业分析决策层）之间主要通过数据接口的通信方式，远远满足不了智能制造的数据交互要求。这种分层架构的信息化体系，只能说达到了应用系统级的信息交互，不存在应用系统的信息孤岛，但仍然存在数据的孤岛。智能制造需要数据级的交互，势必要打破传统的五层信息交互，实现人、机、物的万物互联互通，打通数据与数据的交互通信，解决数据孤岛的问题，见图2-2。

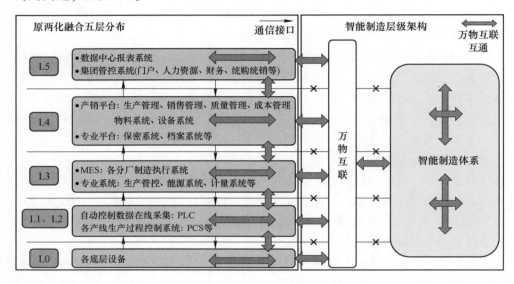

图 2-2　打破信息互通实现数据互通

智能制造要打破原有两化融合（信息化）五层架构，不仅要在系统之间实现互联互通，在人、机、物之间互联互通，在整个智能制造体系内也都要互联互通，也就是人、机、物、系统、各新技术应用等所有能产生数据的主体之间都应该是互联互通的。

如此范围的互联互通，目前还有待一步步实现，不是能一蹴而就的，需要找准方向，负重前行。其中有传感器、信号采集和联网设备等基础设备设施的技术发展，有信息化技术领域的发展，还有智能化技术等领域的发展，可以预见这个过程需要很长一段时间。

第五节　人工智能

[?]　从浅处着眼怎么看"人工智能"？　为什么说人工智能是"五大金刚"中最大的"骗子"？

人工智能（Artificial Intelligence），英文缩写为 AI。它是研究、开发用于模拟、延伸和扩展人的智能的理论、方法、技术及应用系统的一门新的技术科学。

人工智能是计算机科学的一个分支，它企图了解智能的实质，并生产出一种新的能以人类智能相似的方式做出反应的智能机器。该领域的研究包括机器人、语言识别、图像识别、自然语言处理和专家系统等。人工智能从诞生以来，理论和技术日益成熟，应用领域也不断扩大，可以设想，未来人工智能带来的科技产品，将会是人类智慧的"容器"。人工智能可以对人的意识、思维的信息过程进行模拟。人工智能不是人的智能，但能像人那样思考、也可能超越人的智能。

人工智能，很多人多少都知道一点。对于人工智能，可能每个人的理解都不一样，就跟一百个人心里有一百个哈姆雷特一般。这没错，大家想怎么理解都可以，很多理解也会随时间而慢慢变化，包括很多专家的理解。

美国作家罗素（Stuart J. Russell）与诺维格（Peter Norvig）合著的《人工智能：一种现代的方法》这样定义人工智能："人工智能是类人行为，类人思考，理性的思考，理性的行动。人工智能的基础是哲学、数学、经济学、神经科学、心理学、计算机工程、控制论、语言学。人工智能的发展，经过了孕育、诞生、早期的热情、现实的困难等数个阶段。"

美国麻省理工学院的温斯顿教授这样定义人工智能："人工智能就是研究如何使计算机去做过去只有人才能做的智能工作。"

由上述几个定义可知，涉及智能制造技术方面的很多概念及理论性的东西，了解个大概就可以，真要较真，还真没办法愉快地交流——在不同的地区有不同的定义，在不同的时期有不同的概念，遇到不一样的专家有不一样的看法。

有人把人工智能分为 3 种形态，分别为弱人工智能（某项能力上突出的智能）、强人工智能（与人类智慧大致相同）和超人工智能（在综合能力上都比人更聪明）。认为人工智能现在仅停留在弱人工智能的层面，强人工智能甚至超人工智能时代的到来，还需要更多资金的投入、人才的培训、科技的研发。在人工智能的道路上，我们现在只是走了一小步，未来还有更远的路要走。

人工智能最震惊全球的事件是 1997 年深蓝计算机在国际象棋比赛中打败了当时的世界冠军加里·卡斯帕罗夫，以及 2016 年谷歌围棋人工智能"阿尔法狗"（AlphaGo）打败韩国围棋高手李世石。这是机器在"智力"上向人类挑战的里程碑式的重大事件，有着深远的历史影响。

但是它们离真正的"智能"还很遥远，都只是弱人工智能。哪怕是弱人工智能，其应用也才刚刚起步——目前人工智能虽然已经渗透到了很多领域，包括自然语言处理、机器视觉、自动翻译、语言识别、智能推送引擎、虚拟现实、智慧医疗等方面，但每一个领域都有不少难题等待进一步解决。近期热门话题 ChatGPT，很多人都认为它很快就能产生自主意识，分析后就明白，相对于棋类规则的人工智能，ChatGPT 只是文字规则的人工智能应用而已，颠覆性肯定有，但不代表有了真正的"意识"。

相对于前面讲述的四个技术，人工智能是个最大的"骗子"：格调最高，效果最震撼，技术实现最困难。

先对比分析一下深蓝和阿尔法狗应用的"人工智能"技术。事实上，深蓝并没有涉及很多的人工智能技术，它最大的表现在运算能力——每秒能分析2亿步棋；相对而言，阿尔法狗应用了神经网络、深度学习、蒙特卡洛树搜索法等核心算法，真正地开启了人工智能对人类智能的挑战。阿尔法狗后续版本还有令人瞠目的"自学成才"能力。

我们一项项来分析深蓝和阿尔法狗们在传统制造类相关企业推广应用的难度。

（1）资金投入。

深蓝获得了IBM雄厚财力的支持，阿尔法狗的东家是Google。根据英国政府发布的资料，阿尔法狗研究团队DeepMind在2016年亏损1.235亿英镑（约合1.62亿美元）。相对两家国际顶级的IT巨头来说，传统制造类相关企业在人工智能方面能投入的资金有多少？

（2）技术投入。

技术投入分两方面，一方面是顶尖研究人员的投入，一方面是顶尖设备方面的投入。

深蓝许峰雄合作过多个团队，最后在IBM与同事们合作，实现了深蓝打败加里·卡斯帕罗夫的壮举；阿尔法狗DeepMind团队有140多人。深蓝和阿尔法狗研发团队的核心成员，都是世界顶尖的工程师和科学家，更有世界顶级的国际象棋特级大师、围棋名将"陪练"。

深蓝使用了30台IBM RS/6000工作站，每台工作站有一个主频120MHz的Power2 CPU加上16个VLSI国际象棋专用芯片；阿尔法狗至少使用了176个GPU和1202个CPU，以及众多的计算加速卡。值得关注的是，这些芯片在当时都是最顶尖的。

传统制造类相关企业在人工智能方面能投入的研究人员和设备能有多少？

（3）时间精力的投入。

许峰雄花了12年，得到了最终的研究成果；DeepMind团队创建于2010年，于2014年被Google收购，2016年打败李世石，同样投入了巨大的人力、时间成本。

传统制造类相关企业在人工智能方面能容忍的投资回报期有多长？

（4）成果的适用性。

深蓝只能应对国际象棋规则；阿尔法狗能应对围棋规则，且其后续版本可以应对多种棋类规则。但在传统制造企业，仅仅实现了明确、简单游戏规则的人工智能，离很多具体岗位"人工智能"上的机器替人还有相当远的路要走。

（5）对能耗的容忍度。

30 台 IBM RS/6000 工作站或者 176 个 GPU 和 1202 个 CPU 的运行，相信比绝大多数传统制造类相关企业的数据中心规模还要庞大。想象一下现在有人操作的工位，每个工位后面都至少有一个数据中心在支撑运行，是不是很震撼！而整个企业为保障人工智能运行的能耗是不是足够令人惊掉下巴！

当然，算法的进步可以大量减少硬件资源，但算法的进步并不比硬件技术进步容易多少！

神经网络和深度学习在普通大众眼里非常神秘，应用前景非常广阔。但哪怕神经网络、深度学习真的模拟了人类智能运算的基础原理，它们跟真正的智能仍然相差甚远。

举个可能不是特别恰当的例子来说明一下：假设计算机是自然界天生的，我们坐在计算机前，愉快地用 word 写着文章。写着写着，我们就觉得惫怠了，之后思索能不能通过计算机实现自动生成文章的壮举？

随着科学技术的发展，终于发现，计算机的基础原理可能是与、或、非等门电路计算的结果。然后利用半发现半猜测的与、或、非等一系列门电路的原理，发展出了一些新兴的"人工电脑"学科，取得了令人震撼的成就（如单片机），并对它期许满满。

想象一下，在这时候，离实现"人工电脑"还有多远？离文章通过计算机自动生成的愿景还有多远？

所以即使只需要人类智能的一部分功能就可以实现"人工智能"（仍是弱人工智能），即使目前已有的算法在某些领域有了突破性的应用，甚至已经解决了很多传统手段无法解决的难题，但目前用于智能制造方面还显得很"稚嫩"。

人工智能往往会用到模型。模型有很多，制造类相关企业主要用数学模型帮助进行工艺操作控制、数字孪生等各方面的应用。对于这类模型，笔者理解是通过一组公式来拟合实际应用。这样的一组公式，包含了工艺知识、专家经验等逻辑。简单的模型不具备智能性，因其没有自学习、自适应的能力。复杂的模型，具备了一定的智能化特点，因其拥有一定自学习、自适应的能力。

既然说到了自学习、自适应，那必须有数据进行学习，所以人工智能技术跟大数据技术的应用和联系非常紧密。人工智能需要大数据的数据基础做支撑，大数据也需要人工智能技术进行数据分析，以达到数据开发利用的目的。由此可以认识到，当前很长一段时期还需要结合大数据技术训练更多的模型来促进人工智能的应用。

假如在人工智能推进过程中已经训练了足够多的数学模型，是不是说离人类的"智能"就很近了呢？仅从这些模型的应用来看，仍然相差甚远。从目前情况来看，数学模型的应用占了不小的比例，但机器能完全取代人类，仅靠数学模型（哪怕这些模型都是智能模型）是远远不够的。

智能模型为主导的"人工智能"可能最终能够模拟出难以分辨真假"智能"的"图灵机"，也能够有"创新"的能力，但它们的创新能力应该是有局限的，起码模拟直觉就不容易。模拟直觉可能会导致模型复杂程度呈指数级增长，也许这就是有人说人工智能不可能有直觉的原因。更关键的是通过模型模拟出来的"人工智能"很难会有灵感，自然更不可能有顿悟。

常说熟能生巧，熟练了就能掌握技巧，找到窍门。熟练自然需要勤奋地、持之以恒地锻炼和练习，所以也就有了勤能补拙的说法。那么勤能补什么拙呢？想透彻了就能明白，勤能补的仅仅是技巧的拙，但没法补灵感的拙。"机器学习""深度学习""自学习"能学到什么程度，还有待观望。

通过智能模型实现广义的"智能制造"这一目标非常遥远，人工智能之路才刚刚开启。

本章小结

人类社会存在和发展的"原始动力"是什么？简单讲是生活：生下来，并活下去。机器能不能有"原始动力"的存在？也许可以模拟，但模拟的"原始动力"跟现在计算机里模拟的随机数一样，只是"伪随机"和"伪动力"，还没开始，就已经注定了"伪"的结局。这样看来人类的智能，也许才是大道五十中遁去的"一"——存在持续发展的可能性与未知性。

本章通过梳理"云、大、移、物、智"这五个关键技术，对这五大技术做了初步的阐述和剖析。它们之间不是互相独立存在、互不关联的，而是有着各种不同程度的相辅和相融。就如移动互联网和物联网关联密切，大数据和人工智能关系紧密，云计算对大数据、人工智能都有帮助，物联网跟大数据又是分不开的……

至于它们跟智能制造的关系，不是一定要所有技术都用到了才算智能制造，也不是用了其他技术就不算智能制造。智能制造其实是个总方向、总目标，凡是能达成这一目标的，该用什么，不用什么，都以实际需要为准。不过要做好广义的智能制造，这五项技术大有可用武之地。

从大部分制造类相关企业的现状来看，"云、大、移、物、智"技术方向没有问题，具体落地还需要根据实际情况稳步推进：急不得、缓不得、躺不得。急不得：不急于冒进，防止做无用功、对企业发展起反作用；缓不得：在现有条件下积极探索适合企业的技术落地方法；躺不得：防止一觉醒来，发现已经被新一代技术无情地抛下，失去了追赶的契机。

第三章　智能制造时代看信息化

[?] 智能制造时代还需要不需要信息化？ 信息化在智能制造过程中处于什么地位？ 做信息化应该要注意哪些问题？

在制造类相关企业推进智能制造的过程中，最关键、起决定性作用的是信息化。有人觉得不对，最关键的应该是机械设备和自动化，离开了这些基础，基本的生产都不行，还谈什么智能制造。

这就涉及基础的问题。我们谈智能制造，必然是建立在两化深度融合基础上的，而不是基本的生产设备、自动化问题都没解决，就先考虑怎么做智能制造。有个笑话，说一个人捡到一个鸡蛋，他就想着可以把它孵出小鸡来，等小鸡长大成母鸡就能生很多蛋，生的蛋都孵化了，又能有很多小鸡，这样循环不息，不久就能拥有一个养鸡场了。要发展成养鸡场，最关键是缺个公鸡，这是在鸡蛋能孵化出一个母鸡的基础之上的。要说关键，任何一步都关键，但站在发展养鸡场的角度讲，关键的就是公鸡了，如果还停留在讨论捡到的蛋受精没受精的问题，那就先不要考虑养鸡场这么远大的目标了，先解决蛋的问题吧。

两年前，还有很多人争论在制造类相关企业应该由机械设备、自动化专业引领，还是由信息化专业引领、推动智能制造工作更妥当的问题。现在越来越多的人认识到，智能制造工作确实需要由信息化专业来引领和推动。当然，这个观点只是相对正确，未必全对，目前讨论的基础都有一定局限性，相信再发展几年，等真正摸透了智能制造的门道，会有进一步的思路转变和不同的看法。

信息化在智能制造推进过程中，是非常重要的一环，衔接了自动化和人工智能这两个重要的技术，同时也衔接了工业3.0和工业4.0两个重要的工业发展环节。只有把自动化、信息化、人工智能这三个要素把握住了，才能离智能制造的总体目标更近一步。

在这个过程中，信息化需要做的工作看似相对简单，实际上极其庞大和繁杂。在准备实现智能制造之前或者在推进智能制造遇到困难的时候，先想想信息化有没有做好了——包括信息化的速度是不是最优的，程序的编制能力是不是最强的，等等。这些方面都做好了，再去实现与人工智能相关的内容，也许能起到事半功倍的效果。这是一个循序渐进的过程，不可能通过"弯道超车""变道超车"跳过信息化直接让智能制造工作一下子变得简单省事。

　　信息化基础不好，智能制造不可能做得好，甚至没法做智能制造。基础的机械设备和自动化，相当于建筑的砂石砖瓦，信息化相当于混凝土。混凝土质量不行，高楼大厦是建不起来的。如果还处在泥糊土筑时期，在这样的基础上发展智能制造不大现实。

　　若是把智能制造比喻成一个人，基础的机械设备和自动化是肌肉、是骨骼，信息化则是灵魂（人工智能是灵性）。没有灵魂，人将是行尸走肉；没有信息化，智能制造最多只是有形无实的高级自动化生产。

　　智能制造最终要靠谁来实现？"码农"！"码农"是 IT 人的自嘲，但智能制造最终要靠软件程序来实现是颠不破的真理。不管算法多复杂，模型多精妙，智能化程度多高，最终都要写成计算机语言，交给机器执行。所以智能的最终体现，还是在软件程序中。这样就可以理解为什么在智能制造初级阶段，在没有智能程序可以自动产生程序的时候，软件程序员团队是不可或缺的。哪怕实现了智能程序自动生产程序，软件程序员这一群体也未必就真的无用武之地。

　　有人说："我们信息化都是靠'买'来的，智能制造同样可以'买'来。"真的是这样吗？信息化系统靠"借"用，多多少少都可以用，换一个也没什么大不了，影响不是特别大。但智能制造明显不是靠"借"用可以实现的，也不可能简单一换了之。

　　智能制造会与生产制造所涉及的人、机、料、法、环以及企业运营、决策管理等都有机地整合成一个整体，不是一个随时可以剥离的套装产品。在这种情况下如果靠"买、买、买"来实现智能制造，就会永远离不开"卖家"。万一"卖家"不跟你合作了，怎么办？"卖家"出卖你的信息怎么办？甚至"卖家"跟你的竞争对手合作了，你又该怎么办？

　　要想智能制造不被人捏住命脉，拥有自己的、有战斗力的信息化团队是必需的。

　　有的企业觉得自己信息化基础太差，智能制造太远，没法做；有的企业觉得自己起步早，信息化很成熟，推进智能制造轻而易举。这两种看法或多或少都存在认识上的问题。

　　举个比较极端的例子：一棵树是在小树苗的时候扶直容易，还是长成了一棵参天大树的时候扶直更容易？如果它已经是一棵大树了，而且又长得很直，但需要挪个位置呢？具体的情况具体分析，未必信息化做得"好"就真的离智能制造更近，也不是说越差越好。推进智能制造关键在于意识和思维，首先要认清方向是什么，缺什么，该补什么，然后才能不停地往正确的方向前进，积跬步以至千里，又不至于差之毫厘，谬以千里。

　　作为一个制造类相关的企业，怎么能够把信息化这个智能制造的灵魂做好呢？本章就从理念、方向、方法等多个角度谈谈如何做好信息化。

第一节　做好信息化要理念先行

[?]　**为什么要做好信息化，需理念排在第一位？**

十有八九的制造类相关企业，除了少数不计成本投入信息化的（这些企业内部的信息化最终有的只在内部发展，有的形成对外输出，总体投入都不少），信息化部门基本上都会抱怨企业不重视信息化，领导不重视信息化。

但是大家有没有想过，如果你是领导，为什么要重视信息化？第一，领导不懂信息化技术，开展正常的业务活动也不需要懂信息化技术；第二，信息化看上去可有可无——用到的时候不给力，用不到的时候经常要花钱，看不出对生产经营、运营管理有什么实质性的影响，感觉并不是不可或缺的，相对产、供、销等主营业务来说居于次要地位，所以对信息化就有了"鸡肋"的错觉。

问题在什么地方？怎么才能改变这一状况？实际上主要还是观念和意识的问题。信息化部门觉得自己不受重视，没多少作用，想做点信息化方面的应用难如登天；企业觉得缺了信息化部门好像少点什么，有了信息化部门又一天到晚要花钱，实际效果却不好评测。这样就产生了恶性循环，信息化部门越做越困难。

这样的情况下抱怨是没有用的，不如积极一点，用逆向思维考虑，企业内部的信息化部门有哪些不一样的作用，跟市场上的信息化公司相比有什么特点，方便找准自己的定位，顺利开展工作。

企业内部的信息化部门有没有特点？肯定有，但未必能发挥自己的特长。有的把自己当成了市场上信息化公司的掮客，专业拉业务，花钱买信息系统应用；有的赤膊上阵，把自己当信息化公司，奈何人手不足，资金不足，机制不合理，最后半死不活。企业内部的信息化部门除非下定决心用钱堆，堆出一个自给自足的团队（这个代价非常大，而且效果好不好还得看运作，花钱买吆喝也是常有的，要看企业战略方向）或者一个市场化的信息化公司，否则跟外面的信息化公司终究是没法比的。

举一个简单的例子，市场上的信息化公司，如果有 20 人左右专门做一个应用就能做得很好，销售多了，产品单价就可以降下来。企业如果觉得应用很好，物美价廉，又认为内部信息化部门的人不比他们少、学历不比他们低、能力不比他们差，可以自己开发；再来一个类似的公司，带来另外的应用，也可以自己开发……能做得过来吗？能比他们更专精吗？显然不能！

那么，是不是企业内部的信息化部门比不过外面的信息化公司，就一无是处了？当然不是。信息化部门有其长处，它身处企业内部，了解企业内部的运作，了解企业内部的流程，更作为企业的一分子，守护企业，有外部信息化公司没有的"主人翁"意识；另外，它比企业其他部门更懂信息化技术，知道该怎么运用信息化技术，怎么推进信息化。哪怕是从外面引进信息化应用系统，也能充当内部与外部的一个桥梁，把信息化的术语"翻译"成内部业务能理解的语言，把内部业务逻辑"翻译"成外来程序员能明白的语言。没有这样一个部门，企业会被市场上的信息化公司搞得团团转，摸不着头脑。

在两化融合与智能制造时代，用信息化特有的思维解读企业的业务流程和运营管理，从中找出问题的关键，不是传统的业务思维能一下子转变过来并由此产生积极的推动作用的。这里就有两个信息化部门可做的工作：让信息化理解业务，让业务接受信息化思维。

要破信息化部门不受重视这个题，还需要有调查研究。信息化软件开发和应用从主体来分，一般有几种主流的方式：一是专业的信息化软件公司，有主打产品，有研发和销售团队；二是信息化软件外包单位，承接各类信息化软件外包业务；三是专业信息化软件公司与外包结合的形式，既有主打产品，也接软件外包服务；四是企业引进各类信息化软件，为企业所用；五是企业引进信息化软件并与内部开发相结合，实现综合的开发应用；六是企业完全内部开发，包括信息化软件的研发。最后一种方式，有些企业实现信息化软件研发后，全部供自己企业使用，有些企业也对外输出。

纯粹站在企业角度，其信息化发展有几种主要的方式：一是通过引进信息化软件进行消化吸收，与此同时实现管理的变革；二是用实体经济支撑内部信息化研发，打造拥有自主知识产权的信息化产品，为主营产品的产、供、销、售后等各环节提供全生命周期、全供应链、全产业链的服务，形成自己的竞争优势，为产品和品牌赋能；三是用实体经济支撑自身的信息化起步并不断发展，逐步对外输出，形成良性循环；当然，还会有其他一些方式，或者几种方式的组合。

信息化具体怎么做不重要，重要的是哪种方式适合自己的企业。

想要成为一个"优秀的"企业内部信息化部门，关键在于观念和意识的转变。企业需要一个有主见的信息化部门，而不是唯唯诺诺的执行者。要清楚地认识到谁是企业的信息化管理者，谁是企业信息化的专业团队，谁是新技术的引领者。只有超一流的部门才能推动一流企业的建设。没有这些基本的认识，信息化部门没有底气，自然缺少信心，很难负起企业信息化发展的责任担当。

作为一个信息化部门，首先要理念先行，当仁不让以自身信息化技术为依托，形成企业信息化发展理念，以发展理念为主线，给企业提供信息化决策依据，并按企业决策组织、推动信息化的发展。

理念怎么先行？信息化要获得成功，关键不能人云亦云、拾人牙慧，要有率先改变甚至打破原有劳动模式和行为习惯的勇气。难就难在这样的改变殊为不易，它与管理模式结合在一起，与日常行为结合在一起，早已形成了惯性思维，并且根深蒂固。要改变、打破惯性思维最好的方法是让大家自觉自愿地去接受它，更进一步是能主动去推动它的发展。这样就可以理解为什么现在新兴的互联网行业都在烧钱，主要目的是通过烧钱让大家接受新鲜事物，改变原有模式和习惯，以便推广应用，培养、占有市场。这样的例子很多，大家耳熟能详的某宝、某滴、某团等互联网企业都是靠的这种方式。

不同于新兴的互联网企业，传统的制造类相关企业一般没办法靠烧钱来支撑信息化的快速发展。这类企业可以从其他的角度来解决理念这个问题，譬如信息化部门可以从固有的 $n+1$ 思维模式，转换到 $1+n$ 的思维模式。

$n+1$ 思维模式是把信息化部门作为一个高新技术应用的后起新秀，排在生产分厂、生产调度、运营企管、安全能环、人力资源、后勤等传统部门之后，成为他们中的一员，各就各位，各干各事，最终不可避免会形成可有可无的尴尬状态。

什么是 $1+n$ 思维模式？不是简单地把信息化部门凌驾于企业所有部门之上就是 $1+n$，而是要把信息化部门与企业其他部门进行融合，与生产分厂进行融合，与生产调度进行融合，与运营企管进行融合，与安全能环进行融合，与人力资源、后勤等部门进行融合，成为企业各传统业务部门不可或缺的一部分。

怎么融合？一个有效的方法是从业务流程着手，以问题为导向，用专业的信息化思维引导传统业务的创新、提质、增效、高效协同。当然，融合之后还会有很多工作需要持之以恒地做，最终仍然面临一个问题：信息化做得好不好。

信息化怎样才能做得好？这涉及多方面的因素，并不是信息化应用多就是好的，也不是用得人多就是好的，没有一个简单的指标衡量。要做好信息化，需要做的各方面的工作非常多，不仅局限于信息化技术，更要有"汝果欲学诗，功夫在诗外"的理念。下面几个小节我们继续讨论有哪些"诗外的功夫"可以做。

第二节　做好信息化要有正确的方向

[?]　做好信息化真的有"正确"的方向吗？该怎么把握？

做任何事情，首先要有一个正确的方向，如果方向不正确，这个事情多半是做不好的，正所谓"做正确的事比正确做事更重要"。做信息化也是如此，在方向正确这一点上，就已经决定了很多人做不好信息化。

方向不对，累死三军，还容易打败仗。方向不对有多可怕？柯达，曾经是胶卷相机时代无可争议的霸主，发明了全球第一台数码相机，最终却为了保胶卷业务而被自己发明的数码相机技术打败。

站在风口，猪也能飞起来。往哪个方向飞？飞向山谷的十有八九会摔死；飞向平地的，飞得越高摔死的概率越大；飞向山腰的，十有八九摔残；飞向山峰恰好落在山峰的，才是赢家。能飞赢的万中无一，其中风的方向很重要。

如何才能做到方向正确，并没有放之四海而皆准的方法，在结果落地之前谁也没有办法说清楚哪个方向是正确的，哪个方向是不正确的，更多的还是要靠各自敏锐的洞察力。不过我们还是可以从以下几个方面注意避免误入不正确的方向。

一、廉洁从业

廉洁从业是避免方向不正确的诸多因素中最重要的一个因素，是除了能力外最基础和最关键的一个环节。这一点可能会有很多人怀疑，也可能会有很多人表面赞同但心里不以为然，但事实的确如此。"天下熙熙皆为利来，天下攘攘皆为利往"，合理的"利"能提升人的积极性和主动性，促进社会发展，但是一旦超出合理的范围，就容易出问题。只有做好了廉洁从业，做事情才能真正按实际的需求为出发点，确保方向不受更多说不清、道不明的外部因素影响。

阳光底下没有新鲜事，很多看上去不合常理的做事思路和方法，譬如要个凳子扛来了梯子，该往东的偏向西了，各种笑话百出的解释一大堆……十有八九都跟廉洁从业有或多或少的关系。

廉洁从业，涉及两个层面：一是管理层面，二是执行层面。

对管理层面而言，廉洁从业可以在一定程度上防止因利益关系而导致的对外部狩猎者的妥协和对内部管理的不公，在做事的方向上不至于因利益关系而产生无谓的偏差，甚至反向作用。

利益关系，主要有权权交易、权钱交易、权色交易等，这些利益关系对管理层面而言，可能来自外部，如供应商，也可能来自内部，如下属。利益关系不管来自外部还是来自内部，都归结为腐败，对内腐败易伤心，对外腐败易伤身——伤的是员工的心，伤的是集体组织的身。难能可贵的是涉及了利益关系而初心丝毫不改的。初心变了，方向自然跟着受影响。

另外还有一种腐败，同样危害做事的方向：沽名钓誉。沽名钓誉虽然没有利益关系，但事实上危害并不小，甚至更大，这是精神腐败。

只有发自初心，实实在在地做事，才有可能不受外界影响，不偏不倚找准方向。"吏不畏吾严，而畏吾廉；民不服吾能，而服吾公。公则民不敢慢，廉则吏不敢欺。公生明，廉生威。"这句话用在管理者身上也一样有用。

廉洁从业同时也是树形象、立信心的先决条件，保证方向在上传下达和实施的过程中坚决不动摇。

对执行层面而言，廉洁从业保证做事方向的接力棒不走偏，执行力不打折扣。管理者在决策和管理过程中有"权"，执行者在执行过程中也有"权"，这些"权"也能在一定范围内"寻租"。

总体而言，管理者是起决定作用的存在，真所谓兵熊熊一个，将熊熊一窝。将不行，带坏的是一大片。

廉洁与否不容易甄别，但说难也不难。"天地不仁，以万物为刍狗。"在同样的"道"的前提下，不仁才是大仁——在同样的规则前提下，无区别对待才是最公正的对待。廉洁不廉洁，以这个为标准衡量一下就大差不差了，不需要更多的解释与说明。

二、避免形式主义

形式主义害死人。毛主席在《反对本本主义》一文中指出："为什么党的策略路线总是不能深入群众，就是这种形式主义在那里作怪。盲目地表面上完全无异议地执行上级的指示，这不是真正在执行上级的指示，这是反对上级指示或者对上级指示怠工的最妙方法。"

毛主席一针见血，把隐藏最深、最具欺骗性的一种形式主义给揭露了出来。形式主义有很多，其实质就是一个字"装"：不懂装懂，做事浮于表面装好，问题不求甚解搬来搬去装认真……凡此种种，不再一一复述。

从信息化实施角度来看，有这样一种情况：企业信息化团队针对信息化的交流多了，看看这个挺好，那个也挺好，这也想干那也想干，糟糕的是信息化团队真的这也学一点那也学一点，眉毛胡子一把抓，没有焦点，更没有重点，最后结果自然是什么都做不好。毕竟一个人的精力是有限的，一个团队的精力也是有限的。真要有人这也干得好，那也干得好，一两个月就能熟悉一个新课题，这样的人才一般企业也很难留得住。真正对信息化负责任的做法应该是从一堆可发展的规划中做选择题，找到一个明确的方向，用团队有限的精力力所能及做精、做细，这样才有做好、做强的基础。

有些人在做信息化的时候凡事都做"墙头草"，谁"官"大听谁的，谁在交流中占上风听谁的，"势均力敌"就做几套方案，自己不去做决定，实际上是没有决断力的表现，这种情况出现在信息化技术和管理的过程中是非常不可思议的，这样的表现只能说明其能力堪忧。这样的人往往遇到点事就开会，"广开言路"听大家的，希望借助开会能解决问题。一次两次还好，次数多了，形成了遇事就讨论的氛围，导致决断方向不能聚焦，工作重点流于形式。

为什么做决断很重要？不停地做大大小小决断的过程，也是锻炼和培养不同程度"开悟"的过程。当缺少"开悟"的时候，开会再多都解决不了问题，多的只是形式主义，开的是"苦劳"，以此掩盖缺"功劳"的事实。竹篮在水里待的时间再长，再努力地左摇右摆调整各种姿势，再熟练翻、舀、提、拉各项技能，也改变不了打不了水的事实。但如果用竹篮表演打水能算苦劳，组织内部装模作样赚"认真""辛苦"的情况就会变多，对真正"打水"的工作是不利的。在工作过程中，这样的情况比较隐蔽，或者容易遮掩，想不想改变这种情况，怎么改变，需要一定的智慧。

有人认为通过开会广泛征求意见是好事，民主集中制可是经过历史检验，具有强大生命力的。确实如此，但不能搞形式主义。民主集中，关键在于集中，只不过是听取了广泛意见的集中而已。有民主没集中，做不好事；有集中没决断，更做不好事。如果出现有集中没决断的情况，往往集中起来的都是杂糅的决策和决定。这样的决策和决定，要想环环相扣挺难，要想有好的效果更难，工作浮于表面的现象也就自然而然产生了。长此以往，工作只会越做越难。

形式主义的出现，必然会导致做事流于形式，争"苦劳"弱化"功劳"，争"功劳"夸大其词。管理绩效就存在类似的情况，开始的时候以结果为导向，重结果疏于过程；后来发现预期结果不是很好，又反过来跟过程，过程越跟越细，最后过程是跟好了，中间遇到的问题确实不少，虽然结果不如意，考虑到没有功劳也有苦劳，适当就睁一只眼闭一只眼，慢慢地表面文章就多了。实际上结果和过程同样重要，最终还是要以结果为导向。

做信息化（同样适合智能制造）要谨防"干、吹、扔"的套路，干完、吹好、扔掉，找下一个"干、吹、扔"的主题，有些只干了零碎的一地鸡毛，吹成一只鸡，实际上除了鸡毛，鸡的其他部位在哪里，谁都不知道，这同样是形式主义，肯定干不好。

忙而无效，劳而无功，形式主义只要一出现，必然如同一颗老鼠屎掉入一锅雪白软糯的白米粥里，整锅粥都遭殃。麻烦的是，这锅粥要变回原来的状态，就难了。

信息化在技术实现过程中也是一样的道理，如果把重点过多地关注在管理工作过程的细节（不同于技术细节）上，形式主义就不可避免地多起来，最后甚至会导致技术受到形式主义的阻碍。信息化不同于传统业务，不能以"忙""不忙"来评判工作好坏。如果信息化团队每天像救火队员一样，忙着解决各类突发问题，说明信息化还没做好；如果信息化团队经常忙着修改各种数据和报表，说明信息化处在不思进取的状态；如果信息化团队每天的主要工作都在应对并按既定目标实现新的需求、新的应用，投入运行的应用运维占比不高，说明信息化团队已经进入稳定发展阶段。

从一般大众心理角度看，每天忙着救火的，自然劳苦功高，与业务关系也熟络，领导更容易关注到；每天像个透明人似的，必然会被认为可有可无。"忙"要忙在关键点上，不能因为装"忙"把事情越做越复杂。如果领导不能以事实结果为导向，信息化要做好又多了一重无形的阻碍，让信息化偏离正确的方向，多走弯路。

三、避免浪费

信息化的浪费，对于做过信息化的人来说多少都有点认识，不过大多没有梳理和总结。

信息化浪费的情况有很多，项目一类的浪费最明显。项目的浪费也有很多种情况，一种是项目直接不成功，譬如不按企业实际情况盲目地引进信息化或者信息化应用推进不力等，这样的浪费显而易见；一种是项目"成功"了，没人用，或者几乎没人用，这样的浪费就稍微隐晦一点；再一种是项目"成功"了，也有人用，但是有部分功能费时费力，相应的提升不明显，有些甚至是鸡肋的功能，为了推广而推广，还专门制定了制度强制推广，劳民伤财。有些功能直接就躺在那里，与长出来的第六根手指头差不多；还有一种是简单的一个信息化应用，做成一个大项目，这种情况看透了觉得很容易发现，具体在工作中很难说清楚该不该做，这种浪费就不容易审理清楚了。

第二类浪费是过度培训的浪费。有了信息化工具，把培训当成放之四海而皆准的法宝，不管是不是因为缺少培训的原因，反正培训就不会错。真的是这样吗？培训效果真的好吗？越来越多的培训，挤占大量的精力，有些培训只为完成培训目标，导致重复培训、低效甚至无效培训比比皆是，有些培训还有把每个人培训成全能型人才的"雄心壮志"。有些人认为多培训总归是好事，多了解一些总是比少了解一些好，多一技总比少一技好，技不压身嘛。"吾身也有涯，而知也无涯"后面还有半句，叫作："以有涯随无涯，殆已！"培训是不是同样如此？精准的培训更有益于员工的职业发展和能力提升。

第三类浪费是信息化工作的浪费。信息化工作没有目标，没有方向，眉毛胡子一把抓，往往导致最后似是而非，真正该做的没做好。在传统的制造类相关企业，信息化从业人员相对比例较少，信息化工作又不同于行政管理工作，不仅需要管理，更需要技术，同时人也不是机器，精力总是有限的，精力过多地分散，对信息化工作特别是写程序代码是不利的。信息化工作比其他传统业务工作更需要精准，这样才有可能把团队精力拧成一股绳，劲往一处使，做出好成绩。

第四类浪费是信息化应用对传统业务工作的影响。如果信息化的应用最终不能减少员工原有的工作量，不能减轻员工原有工作（特别是重复的、缺少智慧的工作）的工作强度，这样的信息化应用离智能制造就差得太远了，这时候还不如想想是不是把信息化缺的课先补上。

四、正确做事

做正确的事比正确做事更重要，反之正确做事对做好正确的事影响很大。有了正确的方向，接下来必须正确做事，否则方向再正确也会打折扣，甚至影响方向的正确性，导致做错方向。

怎么样正确做事？首先要有正确的态度。做事之前如果能全身心地考虑怎么把这件事情做好，那么你必然会想尽办法调用各种资源，从管理上、从技术上、从内部的各种协助上、从外部的协助上，上下沟通、左右协调，能用的资源都会考虑，鼓足气、铆足劲把事干好。

其次，当工作关系与其他关系发生冲突时，要以工作关系为主，必须要将工作关系凌驾于其他关系之上。工作关系为主，其他关系靠边，说穿了就是公心多一点，私心少一点。武则天被骂了一千多年，狄仁杰却向来没有争议，不就是因为狄仁杰把公和私处理得好吗？如果做一件事情之前公和私的位置没摆对，这个事情已经做不好一大半了。

再次，要注意言行一致。现在的员工，特别是做信息化工作的，但凡能做点事的都不是笨人，对他们说一句谎话往往要用一百句谎话来圆，长此以往，能瞒住谁？谁还会信你？若言行不一致，迟早会失去同事的信任，做事的时候，还会有多少人能真心实意地给予帮助？这样的情况下，做事情的结果必然要大打折扣。如果信息化团队的领路人言行不一致，更无疑是自毁长城。"得道多助，失道寡助"，这个团队自身就不够健康，事情能做到什么程度，就可想而知了。

另外，要正确做事，还需要有谋略。谋略有阴阳，阴阳相结合才能把事做好。阳谋光明正大勇往直前，阴谋小心防御避免出错。阳谋多阴谋缺，容易被人算计，好事多磨；阴谋多阳谋缺，失人心。

五、可持续性的发展

信息化有个比较奇特的地方，内容再多，也未必能说应用得好；团队人员再多，也未必能做得好。什么原因？一是信息化需要与管理和应用相结合，结合不好，应用起来就会产生各种问题；二是信息化技术有其独特之处，发展太快，变化太快，更新节奏太快。没有自主知识产权的软件产品，想要跟住都疲于应付，要做好自然很困难。

要做好信息化，必须让信息化得到可持续的发展。做信息化不是做一锤子买卖，不能为了完成任务搞不合规范的、浮于表面的应付，更不能将这种操作常态化，长此以往，欠的债总是要还的。

不合规范的表面应付，就像在堤坝上挖缺口一样，偶尔挖一个缺口问题不大，挖两个也不会塌，但只挖不补常态化了，谁能确定挖到第几个缺口的时候就真出问题了。真到那时候，我们还能退回去吗？我们还来得及退回去吗？

什么是信息化的可持续发展，这也是带有主观性的，能不能看得清还得靠个人。举一个可持续发展的例子，我们历史上的文学作品，从汉乐府到唐诗宋词、元曲、明清小说，汉乐府很多都用类比的手法，借物喻人、借物喻理、寓理于物，到了唐诗宋词就有很多引经据典的应用，及至元曲、明清小说，引用前人的名言警句、成语典故就成了常态（文学作品的发展实际上并没有非常清晰地区分，这里只是说明一个趋势），中华传统文化源远流长，博大精深就这样发展沉淀下来。信息化也是这样，通过信息化应用，能沉淀的信息化管理和技术，才是信息化可持续发展的基础。浮于表面的应付工作，只为今天的一时应急草草完成、不考虑长远的发展，信息化迟早会进入食之无味、弃之可惜的状态。

第三节　信息化技术重在管理

[?] **信息化技术需不需要管理，管理的比重占多少？**

有人认为信息化技术要少谈管理（有的人谈服务，然后把管理丢了。服务当然是第一位的，但丢了管理的服务就是睁眼说瞎话，就如同没有红绿灯的道路自由），或者认为信息化只有遇到业务才涉及管理，这些都有一定的误解。

信息化技术本身离不开管理，需要业务的管理思维，相信大多数人都认同。信息化技术本身的应用和发展，也离不开管理，而且要以管理为重，这个争议或许就大了。事实上，信息化技术的应用和发展必须以管理为准绳，可以说企业信息化技术三分靠技术七分靠管理。

信息化技术自然以编写代码为主要表现形式，技术肯定是必需的，但企业信息化技术发展得好不好，关键还在管理水平。

对于信息化技术，我们首先要尊重技术，但不能过于迷信技术，不要认为有技术就能做好信息化。信息化涉及的问题，不仅仅是技术问题，所以纯粹靠技术是走不通的。苹果公司高水平的技术工程师如过江之鲫，单靠技术就能成就苹果吗？不可能。在苹果智能手机诞生前，相关的技术早就有了，但为什么苹果公司受惠最大？仅仅是因为苹果技术工程师多吗？仅凭成熟的技术来堆，是堆不出好企业的。

做技术必须认真，要实事求是，技术能力水平要高，但一个团队光有技术没有管理是不行的。没有管理，技术会像野马一样脱缰。外面的互联网公司，以高薪为基础，实行狼性管理，这也是一种管理。通过这样的管理，实现投入—盈利—再投入的良性循环。传统的制造类相关企业，可能未必能按这种模式管理信息化技术，而应更多地跟企业文化相融并存。如果管理跟不上，信息化技术很难得到良好的发展。

信息化技术的管理跟企业业务管理不一样的地方在于，必须首先要懂信息化技术，才具备基本的管理前提和基础，才有可能目标明确、有针对性地提升企业信息化技术的水平。不要认为信息化技术就是编写代码，只有把编写代码的人和事管好理顺了，才会得到正向、良好的信息化技术发展。

企业信息化技术三分靠技术七分靠管理，并不是说与管理相关的内容占比要大，而是管理在整个信息化技术活动中的重要性比较高。首先管理要确定明确的方向，即所谓做正确的事比正确做事更重要。如果做事的方向不对，技术再强也是越做越乱，甚至越做越错；其次，管理要规范技术，只有规范的技术才能稳健地发展，才能日积月累不走偏；再次，管理要围绕信息化技术为中心推进信息化技术的创新，实现信息化技术的稳步提升。

信息化技术要向管理找方向，管理要从哲学寻方法。带着哲学的思维以管理为方向，才能更好地做好信息化技术工作。切勿在涉及信息化技术的管理上玩假把式、傻把式，只有实实在在的真把式才能真正从根本上做好信息化技术的管理——包括后面要谈的智能制造也是同样如此。

下面谈谈管理的几个观点，权当给信息化技术管理做一些参考。

一、谈谈"管理"

有位长者曾经说，管理，就是管人理事。这是对管理最精简的一个阐释，清楚地说明白了管理是什么，管的是什么，又理的是什么。初次听到对管理进行这样简洁的解释，有点振聋发聩的感觉，意境深远、简单明了、内涵明确。

"管人理事"，管好人、理好事，工作自然就到位了。但随着时代的发展，管理的内涵也随之变化，当前时代仅仅"管好人，理好事"已经有些欠缺了。

所有的事都需要有人来做，有事就有人，将管理定位成"管事理事"是不是更好？这又有点含糊，把工作中"人"的作用弱化了，那是不是"管理人和事"更恰当呢？亦即管人理人，管事理事。

先说一下"管事理事"，为什么理了不够，还要管？不论是职能部门也好，管理者也好，每天都会理事，把事理好是必需的。但是在理好事的同时，还要管好事，有些事需要理，有些事必须管。管事也是在理事基础上的提升，理完事后进行总结归纳，给类似的事定个规则管起来，以后遇到就不需要再一件件从头理起，也方便所有人按统一的要求执行。将理事的过程、方法、经验固化到信息化系统应用，让理事的过程有规则可循，经验和方法能得到复制、推广和再提升，这就是信息化的思维。

"理"也有部分服务的功能，所以理事是可以受到好评的，管事可能会得罪人。一味地理事，不管事，不是好的管理。管理是门艺术，该管的时候管，该理的时候理，事才能顺，信息化工作尤其如此。过分强调信息化的服务，而忽视信息化"管"的功能，同样做不好信息化。

由事及人，也是同样道理。一味地管而不理，效果堪忧。如何正确地管人和理人，没有明确的标准和方法，需要在工作中多一份公心，少一点私心，先谈工作后谈感情，牢固树立先有工作后有朋友的观念，把公放在第一位，时常作反省，工作中的人和事自然要好管好理一些。

在众多离职的原因中有很大一部分是受到了不公平的对待。不患寡而患不均，要做到在同一个标准下，不论对谁都同样对待，公平公正，自然人人信服。不要因为"没有绝对的公平"而肆意践踏公平，要把公平公正的种子融入文化，形成约定俗成的规则。不能把对事不对人理解成对（谁的）事和不对（谁的）人，对事不对人是做出来的，不是喊出来的。团队的每一位成员心里都有一杆秤，只有让每一位成员都感受到了公平公正，才有可能凝起团队的精气神，才有管好人理好人的基础，这在信息化工作中尤为重要。

有了管好人、理好人的基础，该管的就要管，没有规矩不成方圆。要让团队的每一位成员在同一个标准下充分发挥主观能动性，形成良性竞争；该理的就要理，要根据团队每一位成员不同的能力、知识、性格特点，把合适的人放到合适的岗位上。

团队每一位成员的基础各有不同，性格各自不同，对工作的掌握和发挥也各不相同。同样一项工作，有的员工入手快，但后继乏力；有的员工入手慢，但厚积薄发……要尽量针对员工的不同情况给予不同的发展规划，让每一位员工能各司其职、共同进步，员工的管理就到位了一大半。

充分发挥每一位员工的长处，有针对性地解决每一位员工的思想问题、技术技能问题、个人职业规划发展等问题，真正培养员工的荣誉感和归属感，自然而然就能形成众人拾柴火焰高的良好氛围。

二、管理之厚德载物、以才役智

管理是一门艺术。管理，上面说到最精简的理解是管人、理事。但究竟是管人重要还是理事重要，又或者管人理人、管事理事都要兼顾，众说纷纭，各有论辩。不论哪个重要，总还是离不开管人、理事两个主要方向，怎么管好人，怎么理好事才是问题的本源。把人管好了（在这过程中间包含了理好人），把事理顺了（同样包含了管好事），结果达到了预期目标，哪个更重要又有何意义？

管理的最终目的是要把事情做好，事情需要人来做。说到人，问题就复杂了。人分三六九等（这里不说阶层等级，只论各种各样、千差万别），有聪明点的、有迟钝点的、有勤快点的、有拖沓点的、有理解能力强点的、有理解能力弱点的，凡此种种，不一而足。当然不能说哪一类人就好，哪一类人就不好，各有优缺点。

如何让每个人都能做正确的事并正确地做事？很多人会说，定规则，制定各种制度、条文、规定、流程等。怎么确保规则的有效性？绩效考核！

制度都有，绩效考核都在做，效果怎么样呢？也许效果就回到了管理是一门艺术的感慨。实际上规则不可或缺，绩效考核也很有用，至于形式可以是多种多样的。怎么保证效果？最根本的是要求团队的管理者厚德载物，以才役智。

如何理解厚德载物，以才役智？是不是领导品德好就会有主角光环，大家就能遵守定好的规则，把事做好？是不是领导有才能就能把团队的才能一起激发出来，还是说只要领导有才能，再聪明的人也会被你感化，老老实实、认认真真把事情按你设想的目标做好了？

德高望重是一个什么境界？什么人品德高尚没有污点？圣人？神？有人提出一个影响后世几百年的德行观点，自己偷偷摸摸先不遵守，算不算德高望重？乡里地方德高望重的长者，真的是事事都对，品性纯良？德高望重说白了就是说话算数，能让人信服。所以厚德载物的德，也要理解为能让人信服的品德。一个团队的管理者怎么能让人信服？最简单的就是规则公开、执行透明，管理不搞小聪明、少用阴谋多用阳谋、不朝令夕改……点点滴滴积累起来，由薄而厚，自然让人觉得你说话算数，能让人信服。你说的话、定的规则才能最大限度地得到好的执行。古人甚至不惜为此千金买马骨，足见其重要性。

能让人信服了之后，还需要制定一套好的规则，并持续不断地检查制定的规则有没有问题、够不够细化、容易不容易执行、能不能鼓励先进鞭笞落后，不断地进行改进，这是操作层面，以才役智就是这个道理。有足够的才能定下细化的、可执行的、可以让团队的智慧聚到同一个方向、把团队的聪明才智用在怎么做好事上的规则，这样的管理怎么能不好？不能把团队凝聚起来，你有你的想法，我有我的不满，是管理者的责任，要么缺"德"，要么失"才"。

借用一句话"失败总有各种理由，成功却向来相似"，管理不是看不出效果，是不知道还有没有更好，当然也可能存在想要不想要的问题。总体而言，"德""才"兼备，是不是更容易出好的管理效果呢？信息化工作也是如此。

三、工作中的包容和纵容

有些人对包容和纵容有点误解，把包容理解成纵容，把纵容理解成包容。不管是理解的问题，还是阳光下的新鲜事也罢，我们在这也谈谈包容和纵容。

包容，是一种美德。曾看到这样一段话："包容别人的过错，不是欣赏别人的过错，也不是成就别人去犯错、鼓励别人去犯错，而是允许别人的过错，让别人更好地改过，而不是对他的放纵；包容他人不等于放任其自流，那是不负责任的表现。一味地迁就、去包容，就是溺爱，是害人之举，若有人称此为'包容'，那就是对'包容'的一种玷污和歪曲！"这段话已经把包容说得很清楚了。

工作中难免要犯错，人非圣贤，孰能无过？犯了错，首先应该做的是要正视它、认识它并改正它，在今后的工作中避免再犯类似的错误。犯了错固然要承担相应的责任，但如果是一些小错误、无心之失，对此穷追猛打没有必要，也没有意义，这就是工作中的包容。但包容绝不是纵容，包容的目的是要改正错误，更好地工作。包容的前提是要让人认识到错误，而对错误睁一只眼闭一只眼，犯了错误后继续再犯，这就不是包容，是纵容。错误一犯再犯，因为责任心不到位经常出错，如果说这是包容，因为这样的包容而问题频发，这样的包容有什么意义呢？

为什么会有纵容？因为特殊关系而纵容，因为特殊的利益而纵容，因为畏惧或谄媚对方而纵容，更有为了打击报复而故意纵容的……凡此种种，不一而足。

工作中的包容，可以让人认识到错误，增强责任心，避免错误的重复发生，可以让人不断成长；工作中的纵容，很难让人认识到错误，责任心缺失，导致一个错误接着一个错误，工作能力无法得到锻炼，甚至出现倒退。

工作是严肃的，不是小孩子过家家，也不是父母在家里和儿女嬉戏。工作中的一举一动，大家都看在眼里，记在心里。因为对一部分人的纵容而在整个团队中树起错误的风向标，容易导致整个团队纪律涣散、信任缺失，使团队丧失公平竞争的环境，导致人心涣散，最终丧失团结一致、敢于拼搏的精神。

对于被纵容的人来说，这就是好事吗？他们能认识到自己被纵容了吗？他们就能团结起来，给一个人心涣散的团队做支柱？事实是不论对被纵容者还是对其他人，都没有好处。

包容，能得到尊敬；纵容，能得到谁的赞美？尤其在信息化工作中，团队成员都是富有思想的，更要做到包容而不纵容，用一颗坦荡的心对待同事、对待工作，在工作中和团队的每一位成员一起进步，积跬步而以至千里，信息化工作才能做得好，技术才能有沉淀。

四、软件团队管理

不管做事还是管理，都离不开团队。怎么分辨一个团队做得好还是不好，需要综合考虑多方面的因素，先举两个例子参考一下。

第一个例子，有甲、乙两个村子，因为干旱缺水各自组建了村挖井队。甲村挖井队看上去动作比较慢，一个月过去了，该吃吃、该睡睡，除了瞎转悠一块土都没挖；反观乙村挖井队都已经试挖了两口井，虽然没出水，但工作勤恳，任劳任怨，白天加班，晚上轮流作业，为此受到上级领导表彰，不仅拿了夜餐补贴，还拿了加班工资。

一年后，甲村挖井队成功挖了两口井，水质清澈，出水量大；乙村挖井队成功挖了三口井，其中东边一口水质尚可，水量小了点，其他两口井水质差了点，只能沉淀了再用，另外乙村挖井队还挖了五口废井，最后回填了。上级领导通过各自总结和一贯表现，认为甲村地势环境好，能挖出好井是必然的；乙村在环境不利的情况下能发挥不怕吃苦不怕失败的精神，最后为村里挖了三口井，难能可贵，决定给予乙村挖井队年终表彰。

怎么客观地评价这两个团队，怎么客观地评价整个事件？寻求客观不难，难的可能是需不需要客观。

第二个例子，有甲、乙两个工厂，年利润都是 1 亿元。甲工厂找了一个专业团队，以每年 2 亿元的价格进行承包运作，承包期三年；乙工厂仍然由自己运营，年利润还是 1 亿元。三年后，甲工厂收回经营权，发现在三年对外承包过程中，不管是机器设备还是人，都利用到了极限，很多机器设备不立刻进行大修就要出生产事故，很多有发展潜力的员工都离职了。

怎么客观地评价甲工厂的行为？作为局外人离客观评价又有多少距离？

这两个例子不再做发散性的说明，每个人可能都会有不同的理解，我们还是看看软件团队的例子：波音公司作为一个数字化强企觉得自己更像是一个软件公司。制造类相关企业如果没有自己的软件团队，信息化能做到什么程度，智能制造又能到什么程度？至于对软件团队的管理，现成的成熟软件团队一大堆，东学一点西凑一点都可以获得很多经验，管不好只能是人的问题。

一个团队没有凝聚力，根本原因就在于人出了问题。马云说员工离职的原因很多，只有两点最真实：钱没给到位；心委屈了。对于制造类相关企业，钱多钱少还是相对的，心委屈了这个因素更多一点。

需要强调的是，一个团队要管理好，最好要拉，而不是推，能推拉结合则更好，尤其是软件团队。很多人都不懂，或者懂了不做，又或者想做也做不好，先问问本心，再好好悟吧。

软件团队的管理有很多奥妙。有人做好了一部分，因为习以为常，视而不见，根本不知道自己在这方面是做得好的，这样的情况要少一点，但未必没有。一旦有这样的情况，那么做得好的方面得不到保持，更不能继续提升；有人明明不懂还自以为在某些方面做得很好，遇到问题的时候又一筹莫展，压根不知道自己该怎么办，只能表面应付一下，看上去做得很认真，做得也很热闹，却一直在门外瞎转悠，最后粉饰包装一下，糊弄外行和不了解情况的人，这种情况就真的不知其可了。

第一种人，不懂总结，叫不知己，是谓不明；第二种人，连别人好在哪里都不知道，更不用说能省视自身了，这是不知人，是谓不智。这不就是不知人者不智，不自知者不明嘛。这两种情况都不好，都需要学习总结和领悟提升。

软件团队的管理还有一种情况，是拿不同的工作内容比较，进行不明智的激励。外行都以为软件团队是跟编写程序画等号的，殊不知软件工作内涵极其丰富，仅编写程序来说，不同的编程语言之间就是一道鸿沟，没有一定时间的经验积累，根本无法从一个熟悉的语言转向另一个不熟悉的语言。软件编程语言的转换已经是一大困难了，围绕软件编程还有很多不同的分工，对一个软件产品或者一项软件工程来说，简单的内部分工通常包括如下几种：高级经理、产品经理或项目经理、开发经理、设计师、测试经理、开发人员、测试人员、项目实施人员，还不算美工等辅助性质的岗位。对一个信息化部门或软件公司来说，岗位就更多了。有的企业说自己内部的信息化团队培养的人水平很高，一个人能把这些角色都做掉了，还做了很多项目出来。这种情况在二十年前是可能的，但在当今时代，那就当笑话看吧：内部肯定是管理不善、做事浮于表面，属于做完就扔的，不能指望方向有多对，更不要指望能有多少有用的东西积淀下来作为后续发展的基础，也不会有厚积薄发的优势。一枝独秀不是春，满园春色才关不住。单纯以写程序来判断一个企业内部信息化部门的员工好不好，或者信息化部门的软件团队好不好，没有任何意义。北、上、广、深工作过 2～3 年的程序员，代码写得好的比比皆是，花点钱多招点人进入企业信息化部门行不行？招进来各自发挥所长，如散兵游勇一般单打独斗，肯定不行！外行看热闹，内行看门道，软件团队自己需看透这一点。

如果仅仅能力堪忧，还不是特别坏的事，还是有得救的，就怕这样的团队内部进行无端比较：感觉都是搞信息化的，拿不同的岗位互相之间乱比，有意无意形成内部鄙视链，导致除了个别岗位，其他岗位再努力都是白费劲，个别岗位除了寥寥几个人外，其他人也都是可有可无的，最后大家干脆一起混日子吧。

有人觉得不同岗位怎么就不能比了，相近或相同岗位怎么就不能比了？这里说的是盲目地比较，专门着眼于某一个点跟别人比。拿个例子类比一下：解放战争十大经典战役，莱芜战役、苏中战役、豫东战役、济南战役、淮海战役这五大战役，粟裕都曾直接指挥或参与指挥，他作为大将之首在解放战争中的贡献之大实至名归，但从来没听谁拿粟裕和陈毅元帅比谁更会打仗，以此来论定哪个贡献更大，更没听说过拿粟裕会打仗的事跟周恩来总理等人比，来说明谁对革命的贡献更大，谁的能力更强。盲目地比较有意义吗？

一个团队，因为不同的工作分工导致不同的岗位分工，也决定了工作内容和性质的不同，只有让团队的每一个岗位都发挥好应有的作用，形成团队的合力一起成长提升，才能充分发挥整个团队的优势，把工作越做越优秀。适当科学地对标比较，有助于形成良性的竞争氛围，而罔顾事实地比较反而坏处颇多。这对团队有何好处？更何况盲目地比较的是信息化团队——与新一代信息技术接触最密切的应用、开发、推广群体。

企业的软件团队，跟市场上的软件团队不完全一样。市场上完全通过竞争来选人、用人，通过市场竞争来决定软件团队的生存状态。企业则少了很多市场竞争，多了带有企业特色的管理。怎么在这样的状态下管理好软件团队，资源整合、优劣互补、长短相成、内外协同，每一项都是一个课题，值得大家研究探讨和应用，用得好、用不好主要在于人。

第四节 做好信息化要紧抓七 "快"

[?] 天下武功， 唯快不破。"信息化功夫" 有哪几 "快"？

很多企业（不仅是制造类相关企业）的信息化团队都有一个共识：认为公司领导重点关心生产、销售、采购等主营业务，对信息化工作关心不够，以至于公司上上下下都普遍认为信息化无足轻重，就算没有信息化，企业也一样能运转好。

信息化团队同样觉得不好做：没有明确的标准和方法，没有明确可度量的成效，做多做少一个样，怎么做都觉得不够好，企业里哪有不顺的就等着 "挨踢" 吧。

这些观点纯粹是思想意识问题：不是领导不关心，是信息化能否引起领导关心；不是所有员工认为举足轻重，是信息化有没有让所有员工感受到举足轻重。

要解决思想意识的问题，首先要明确企业需不需要信息化？社会发展到现阶段，信息化肯定是必需的。信息化如果做得好，效果显而易见，在某些方面甚至可以产生飞跃性的突破。

譬如我们熟知的打车软件，将社会可利用的闲散车辆资源和出租车资源整合起来，让每一个需要打车的人都能随时打到车。等车的过程一目了然：车子当前到哪了，还需要多长时间到达，都能实时掌握。在没有打车软件之前是怎么打车出行的，路边招手？打出租车公司电话？有多少次招手不停，有多少次过往车辆全是满载的，有多少次电话打进去忙音，或者打进去了也没车？

又譬如网购，不出门能买到几乎所有的生活用品，产品众多，价格透明，可比质、能比价，还有客户体验，在没有网购平台之前是不可想象的。还有在线支付，吃穿住行都可以不带一分钱现金。所以，需不需要信息化是个伪命题，关键在于信息化做得好不好。

其次，要明确企业需不需要内部信息化团队？单纯实施几个信息化系统，做些简单的应用，没有信息化团队确实也可以，但要想把信息化做好，甚至进一步做智能制造，没有内部信息化团队是不行的。只有内部信息化团队才能真正切合实际，把企业需求和信息化应用紧密联系起来，才能实现高质量的信息化发展。Codebases（一家美国软件公司）统计，F-22 战斗机约有 170 万行代码，波音 787 客机有 650 多万行代码，F-35 战斗机约有 2400 万行代码。美国航空航天制造商洛克希德·马丁公司每年所编写的软件代码数量超过了微软公司。有竞争力的企业重视培养有竞争力的内部信息化团队将是一个必然的趋势。

在不少企业，大家都觉得信息化不好，但又说不出哪里不好，或者觉得信息化到了一个瓶颈，不知道该怎么继续发展。信息化不好主要是因为不够"快"，要做好信息化，首要一个字是"快"，所谓天下武功，唯快不破。淘宝、支付宝、微信、滴滴，如果有哪个应用打开一个画面晃晃悠悠需要半天，有哪个应用完成一个功能要点这个、点那个找半天，相信不需要竞争对手，它们自己就把自己给打败了。

信息化有个先天特性，就是"慢"。一个信息化项目，从确定需求到最终实现，一般需要两年到三年；一个信息化的小需求，从着手开始做到结束也需要1~2个月；一个画面的局部优化，需要1~2天。不仅如此，就算做完了还会有bug，还需要修修改改，还需要与实际的业务应用磨合……诸如此类，信息化自然快不起来。

先天慢，如何能快？这就需要企业信息化团队要在思想意识上"快"人一步。首先，在思想上要紧跟总经理部，快人一步领会其战略布局和意图，在意识上超前于公司成文的战略，扭转信息化先天慢的特性；其次，在管理上要快于企业实际管理的落地，善于学习、敢于创新、勇于尝试；再次，在技术上要有储备，要培养一支素质过硬的信息化队伍，实现技术上的快速响应。这一个"快"，就是后天改造先天之快。

信息化的"快"最终体现在应用上，信息化应用故障少、恢复快、操作简单便捷，这些都是基本的要求，总结起来有六个"快"的目标：一"快"，简化操作手册，力求消除操作说明，应用上手快——应用能少用甚至不用操作手册，新手能快速熟练操作；二"快"：操作响应快——操作的画面响应快，菜单目录寻找快，输入和按键操作少；三"快"：需求变更快——从提出需求到实现的时间短、质量好、总体效率高；四"快"：故障定性快——最好能辅助定性、自动定性；五"快"：故障排除快——运维响应快，问题处理及时；六"快"：系统自查自纠改进快——系统的自我提升完善机制好。

要实现信息化的"快"，需要企业全员的支持，需要以总经理为首的总经理部的支持，需要各业务部门、分厂的支持，同时也要信息化团队的支持，通过这六个"快"实现企业工作信息交互的精准、快速和便捷，管理效益就可以产生了。

要做好信息化，除了狠抓基础，落实技术管理，打造反应快、质量佳、有战斗力的高素质内部技术团队，同样需要打造可以共同成长、可以共享知识产权的外部技术团队。信息化的"大饼"一定要企业自己画，实施可以内外结合、优势互补、快速实现，为"安全、提质、降本、增量、创效"提供有效方法和数据支撑，助力企业实现竞争力的提升，最终完成信息化的战略支撑作用，进一步打造企业信息化环境下的核心竞争能力。

所以企业做信息化要从"快"上定标准，在"快"上下功夫。

做信息化如同练功,虽然说唯"快"不破,但在求"快"的同时,"安"和"稳"不能少,"安"是信息安全,"稳"是架构稳定、运行稳定。只有"快"没有"安"和"稳","快"就是无源之水,无本之木。当然,上述六个"快"也包含了实现"安"和"稳"的有效方法。快到极致就是美,精益求精、尽善尽美,只有这样信息化在企业的各个领域才能绽放其魅力之美。

做好信息化,"快"只是最基础的,实现了"快",接下来就应该追求信息化的"自动"化。信息化的"自动"化不是信息化和自动化融合,跟设备和自动化层面没有关系,纯粹是在信息化内部做好信息层面的"自动"化。在实现"六快"的过程中,或多或少也要做信息层面的"自动"化。更进一步,就要做信息化的"智能"化。

怎么做好信息化的"智能"化,这个话题很大,不是一两句话能说清,也不是一两年能做好,但有些准备工作可以先做起来,譬如力争做到信息化的全覆盖,更要做到细节覆盖,缺哪补哪;逐步实现各信息化系统的数据定义,全局统筹一致,并且意义明确清晰;数据复用的规则明确而且简单有效;多义的数据边界分明、互不干扰;数据互联互通、快捷无误;数出一门,查找方便;信息齐全,结果精确;数据关联定位迅速精准;等等。结合智能算法,信息化应用方能初显"智能"化。

本章小结

信息化和智能化以及智能制造是密不可分的,它们相互促进,相互融合。对企业来说立足现有的信息化基础,开发有知识产权的信息化平台,从零做起,做大做强,这是最有利的发展路径。在这过程中实现信息化的傻、大、粗、细("操作傻瓜化""信息化大平台化,信息化跟着战略走,管理跟着信息化走""运维粗粒度化,减少可以提前预知预控的故障,提升信息化系统的稳健性""流程精细化,业务全部流程化,流程管理有效、高效")将对企业信息化发展起到重要的推动作用。

第四章　浅谈智能制造"落地"

[?] **"智能制造"课题很大，具体怎么做才能推进它的落地？**

目前看很多"落地"、解决"最后一公里"的方案，大多都是泛泛而谈，很少落实到具体、详尽的方法上。

这确实是个问题，但也只能这样：每个人身份不一样、所处的地位不一样、受教育程度不一样、接触的知识不一样、工作和人生经历不一样，往往对同一件事的认识都不一样、对做事的态度不一样、信心不一样、方法不一样（具体、详尽的方法就是方法的全部吗？远远不是！动态及时地合理调整和节奏的正确把握才是关键。画虎不成反类犬并不奇怪），甚至时间不一样、心理不一样……都有可能导致截然不同的结果。所以很多事情只能点到，不能点透，具体怎么做，每个人在不同的地点、不同的时期有不同的解决方案，同样也会产生不同的效果。

历史上有一个很有趣的战例，也是一个非常经典的战例：韩信背水一战。据说这是一个无法复制的战例，同时也是一个以少胜多的战例。

按历史记载，这个战例犯了典型的兵家大忌："汉将韩信率兵攻赵，出井陉口，令万人背水列阵，大败赵军"，"信乃使万人先行，出，背水陈。赵军望见而大笑"。

谁都能看出来，这不是一个合格的将军该有的陈兵布阵方法，最终结果十有八九应该一败涂地，但韩信恰恰成功了，创造了历史上的不可能。

这个战役具体情况如何，读者可以找到很多资料，历来也有很多该战例的分析。总体而言韩信一方劣势很明显：不仅仅是军队数量少、质量也不怎么样、地理位置更差、打的还是"客场"……哪方面都不占优。如果韩信不是主将，估计"背水一战"这计策刚提，就被推出去砍了。就算有主将愿意一试，十有八九也是要败的——只要一个细节没处理好，全盘皆输。

由此可见，真正的方法真的只能靠自己悟，别人最多只能说个方向——具体行动的方向和注意事项。当然，我们可以谈谈智能制造落地有哪些重要因素。抓住了关键点，事情就成功了一大半。

需要说明的是，下文的叙述主要建立在普通制造类相关企业长期稳步推进实施智能制造的基础上，如果读者所在企业本身堪比 IBM、Google 这些巨头，资金和人才应有尽有，则应该换一个思路，从引领智能制造技术方向来考虑智能制造的落地问题。

下面我们就从普通制造类相关企业的角度，讨论一下智能制造落地的方向和关键点。

第一节 智能制造自顶向下的规划原则

[?] **为什么要进行规划？ 智能制造怎么规划？**

规划的最大作用是统一思想认识，确定可执行的目标，使行动一致，形成优于当前情况的预期，避免因漫无目的、维持现状或得过且过的行动导致不可预期的效果的产生。维持现状就是没有发展，没有发展就意味着退步和萎缩。

落实到纸面上的规划，需要书面化一点，但在具体工作执行过程中要将规划简明扼要地表述出来，使具体执行人员目标明确，没有歧义和过多无实质性的内容。对于具体执行人员来说，没有明确的要求，百分之九十九是不可能对自我提要求的，即使有也未必能保持方向的一致性。

智能制造的特征决定了它的设计应该从顶层开始，自顶而下进行设计。什么特征？国家智能制造标准体系建设指南中明确包括的"自感知、自决策、自执行、自适应、自学习"等几个基本特征。

从这几个特征可以看出，智能制造是一个体系，是相对于机械、服装等传统的行业设计来说复杂得多的系统，不可能把所有环节拆开来设计成标准零部件，通过标准的零部件往上搭。传统设计基本上选定了哪些零部件，产品大概就定型了，其创新变化相对智能制造来说是有限的。

智能制造在这一点上跟大数据有点类似，大数据因为数据多而庞杂，如果不自顶向下设计，花了大代价、大力气当宝贝一样收集起来的各种数据，最后可能只落个纯粹浪费人力、物力和财力的下场，而真正需要的数据还得重新设计、采集、传输、存储、应用，引以为豪的多年的数据，大部分占用存储资源和计算资源，平白浪费固定资产。

还有一个原因导致了智能制造只能是自顶向下设计，那就是智能化的应用。智能化应用是通过智能化的单个应用到各个环节的底层设备、自动化、信息化，还是各环节的底层设备、自动化、信息化服从智能化，实现智能化的统一调度？很显然要先设计智能化功能，再由各底层进行配套设计和实施，最终实现智能制造的整体功能。

我们可以用无人驾驶汽车来类比。无人驾驶汽车设计是先设计哪部分？轮子、方向盘、曲轴、发动机这些零部件都是汽车的常规零部件，能否通过这些部件的智能化设计，组装出一个无人驾驶汽车来？不能！只能由功能至模块，由模块至零部件，紧紧围绕功能，哪个模块不合适重新设计哪个模块，哪个零件不合适重新设计哪个零件，这样的系统才能浑然一体，实现整体功能的设计要求。拼凑是凑不出智能化整体应用的，更凑不出智能制造。

　　有些企业实施智能制造的时候，存在自动化程度严重不足的问题，导致开始的时候大家都觉得智能制造应该由主管装备、自动化的部门主导推进——很多干的都是装备和自动化的活儿；或者索性由所在的车间、分厂来推进——都是他们需要改造设备、改造自动化，最多再加点信息化、智能化的元素。不管哪个想法，跟信息化部门都没多大的关系。

　　等真正做了一些项目，对智能制造理解深了，才越来越发现以前的想法有问题：不通过信息化部门推动，智能制造达不到一定的高度，很多智能制造项目做出来似是而非。原因很简单，以车间、分厂为主导或者说以装备、自动化为主导进行推进，就是奔着补设备、自动化短板去的，最多做个"高级自动化"出来，没有智能制造思维，自然做不好智能制造的活。智能制造的思维先有概念，再有设计，最后才是功能实现。

　　从下而上来推进智能制造，存在很多问题，很多功能改造都按各自的想法做，越往上堆，越不知道应该往哪个方向推。甚至互相平行的功能各做各的，实现方法不一样、架构不一样、标准都不一样，你说你的好，我说我的好，要统一起来更困难。

　　智能制造必须要围绕一个总目标做各种改进和创新，有信息化方面的改进和创新工作，有自动化方面的改进和创新工作，有设备层面的改进和创新工作等方方面面都不可缺，同时又不能脱离目标走各自独立发展之路，避免整体功能的无序和错乱。

　　智能制造有一个关键是要把数据打通，实现万物互联。万物互联就需要互联互通，就要求统一标准、统一架构、统一方法，这些基础都做好了，才能充分发挥智能化应用的作用，实现智能制造的目标，否则智能化应用也无能为力——无法按需驱动，等于没用。这同样也是决定智能制造只能自顶向下设计的一个重要因素。

　　由此可见，智能制造需要由"虚"到"实"：概念是虚，设计是实；设计是虚，功能实现是实。从虚到实、自顶向下是智能制造不可逆的过程，自下向上则如逆水行舟，万一遇到滩险水急只能空叹人力不可为。

　　或可这样理解：先讲故事再做事。先把要想要做的事当故事讲出来，把故事讲好了，根据故事做智能制造设计，最后落地实施，实现讲故事到做实事的闭环。

　　这个闭环的过程，实际上就是组织架构、业务流程、运营管理、工艺技术、信息智能化等全方位的变革，归根结底还是以管理为核心，围绕管理一步步推进。智能制造技术很重要，管理同样重要，这是讲故事的关键。

第二节　智能制造推进最关键的因素是人才

[?] 二十一世纪最缺的是什么？ 人才！

智能制造最缺的是什么？ 人才！

智能制造怎么识才、 辨才、 用才？

人才有很多种，制造类相关企业在推进智能制造过程中最缺的是领导型人才——可以领着大家推导智能制造怎么做的人才。实际上，懂智能制造相关技术的人多如牛毛，但真正懂怎么用好这些技术的人不多。

有人觉得相对于人才来说，制度更重要。把制度完善了，一切都可以水到渠成，所有人都可以按照制度规定来做。制度完善就可以高枕无忧吗？不见得！

制度永远在堵漏洞，防止各种不利情况的发生。但是这些漏洞是谁先发现并利用的？"坏人"（不遵守规则的人）！所以往往制度永远是管"好人"（遵守规则的人）的，管不了"坏人"。"坏人"总有办法绕开、违背、破坏甚至利用制度。制度越来越齐全，"好人"越管越死，没有能力、没有正常的途径对付"坏人"了，企业也就到了要败亡的时候。

从创新角度看，制度在堵大部分人的创造力和能动性，堵不住小部分偷奸耍滑的人。往往制度定出来，这个漏洞堵住了，也堵死了一大堆人的创造力和主观能动性。这大部分人被逼得没办法，最后慢慢地自觉或不自觉地躺平了，极少数人也转变成小部分偷奸耍滑的。最后制度越来越多、越来越完善，堵死了群众基础，丢了真正的精气神。

在一次培训的时候，听培训老师讲了个故事：当诺基亚 CEO 在记者招待会上公布同意微软收购时，最后他说了一句话："我们并没有做错什么，但不知为什么我们输了。"说完，连同他在内的几十名诺基亚高管情不自禁地落泪。

诺基亚缺完善的制度吗？不缺。那到底缺了什么？或许不是表面那么简单。

从治理国家的角度来看，治理国家起决定作用的究竟是人还是法律制度？胡居仁引用《周易·系辞下》中的话说："苟非其人，道不虚行"，认为道的推行，非贤明之人不可。他认为："纵有良法美意，非其人而行之，反成弊政。"同样一件事在这个组织能做好，在另外一个组织做不好的因素是：人。

兵熊熊一个，将熊熊一窝。推进智能制造的领导型人才如果缺失，智能制造工作只能慢慢摸索而不得其法。不要等企业像诺基亚一样做不下去了还没明白，这就可悲了。

智能制造领导型人才不是天生的，在智能制造初级阶段需要企业自己逐步培养，人才自身也需要不断学习，与时俱进。技术和经验可以慢慢学，允许也不可避免会走点弯路，但对智能制造工作的态度不能有偏差。智能制造领导型人才如果能把人做简单了，不怕做复杂的事，以这样的姿态来推进智能制造工作，格局就不会太小、方向就不会太偏、团队战斗力就不会太弱。

除了领导型人才，智能制造工作还需要有智能制造技术型人才、智能制造复合型人才等各类人才互相合作，取长补短。

智能制造技术型人才这个好理解，就是智能制造所涉及的云、大、移、物、智、机器人等各类与智能制造技术相关的专业型人才。

智能制造复合型人才是与传统业务相结合的智能制造技术型人才，既懂传统业务又懂智能制造技术。这类人才可以是传统业务专业人才又懂智能制造技术，也可以是智能制造技术专业人才又懂传统业务专业。这类人才相较一般专业人才更稀缺，不仅需要跨专业的学习与积累，更需要有悟性进行跨领域的创新。

智能制造复合型人才也不多，是不是适合企业引进来就能用，不好一概而论，最好的办法还是企业自己培养。自己培养的难度虽然很大，但在培养的同时也是在给智能制造推进打基础。只有毫不动摇地做好这件事，智能制造才会有越来越多的"群众"基础，才能真正阐释全员参与的内涵。

人才类型分清了，怎么选用？选人选德，用人用能。选人选德已经说过了，用人用能怎么理解？一般都说才能，为什么不说用人用才呢？才能虽然是一个词，但才和能表述的并不是一个意思，有才未必能，能以才显。譬如一个人唱歌很好，他有唱歌这方面的才，但他不会跳舞，也不会表演。如果他通过唱歌方面的才，跨界到跳舞和表演的才，说明他有演艺方面跨界的能力。智能制造对"跨界"人才求能若渴，实际上一个人的综合能力与"跨界"的能力密不可分。

每个人的个体差别还是比较大的，有聪明的、有勤奋的、有能力强的、有专业知识丰富的，当然，如果是又聪明又勤奋、能力强、专业知识丰富……所有优点都占了，自然最好，但很多人往往就占了一两点。

从挑人才的角度就该挑有能力、责任心强的，以责任心为核心和导向，推动"能"人的职业发展，通过"选人选德，用人用能"为企业谋划好智能制造的布局，做好智能制造的大课题。

第三节　智能制造全员参与的含义

[?] **智能制造的全员参与和其他全员参与是不是都大同小异？ 怎么关注好智能制造的全员参与？**

现在企业不管做什么，基本要求都是全员参与。对全员参与的要求多了，以后估计只有智能机器人能做好员工了。在说全员参与智能制造之前，先让我们想一下，智能制造是不是可以为全员做点什么？这也是智能制造需要解决的一个问题：让全员工作更轻松。

与智能制造关系比较密切的信息化在推进应用过程中也是全员参与。全员参与了什么？提出需求、描述业务、重构流程、测试使用、提升改进等，当然还会存在不可避免的组织架构调整等，涉及的过程和内容也不少，但业务人员主要是站在自身业务的角度来进行全员参与。他们不懂信息化技术（也不需要懂），只需要把自身业务描述出来，会基本的计算机和信息系统操作应用就可以了。

智能制造也要全员参与，但如果业务人员还是站在自身业务角度参与，仅仅会基础的信息化操作应用，注定是走不远的。全员参与是智能制造的又一个难题，如果能破好这个题，制造类相关企业的智能制造工作离良性循环发展也就不远了；破不好则永远是门外汉。假设有人想学当初的某些信息化推进方法，通过"买"来"用"智能制造，早晚会被现实碰得头破血流。

智能制造的全员跟信息化的全员还是有很大区别的，不解决"全员"的问题，智能制造复合型人才这关就不好过。有很多项目，但凡提到智能制造，必然与减员挂钩。这不能说不好，但长此操作下去，真的是无往而不利的制胜法宝吗？

曾经在做信息化的时候有一个知识库的小项目，其中有一条管理效益很诱人：要取代"老师傅"的经验，导致大家都对知识库信心满满，觉得前途风光无限。但是将心比心，如果员工都知道要通过系统取代自己了，还有人心甘情愿地帮着挖好这个埋自己的坑吗？智能制造也一样，如果都知道做完这个项目自己下岗了，真有人能奋不顾身地推进？天时、地利、人和，人心向背能改天换地，就如小米步枪可灭百万雄师。

智能制造不能减员？那也不对。人均效率得不到极大的提升，投入产出明显不合理，更不利于智能制造的推进。

我们先考虑这样一个问题：智能制造在推进过程中和推进后期，人才的变化会是怎样的一个过程？在推进过程中，智能制造推进部门的人员会不会变多？到一定时候，特别是到了智能制造比较稳定成熟的时候，各业务部门（车间）的人员会不会相对再变多？他们的职能会不会发生变化？

刚开始推进智能制造的初期，如果推进部门的人不多，很多智能制造工作没法做下去，特别是跟信息化相关的工作——千万别忘了，不管在什么时候软件很重要（可以去查查波音、空客公司的软件团队是什么情况，它们的软件融入了制造、组装、测试、在线运维诊断、自动巡航等方方面面，它们尚且不敢称自己实现了智能制造，准备做智能制造的企业真的觉得软件团队是摆设吗？）；实施到相对成熟阶段，业务部门（车间）的人不够，也就是精通专业的复合型人才不足，会导致无法进一步地变革创新。当然，在智能制造过程中，组织架构是不是原来的组织架构，在这里就先不讨论了，变化是必然的。

第四节　培训与创新

[?] 培训和创新是不是一定会有实效？ 从浅处着眼看培训和创新， 有没有不一样的启发？

　　培训，特别是很多作为既定任务安排的培训，形式主义的味道太浓，效率太低，就跟大数据一样，海量无用的培训中得到一两点看似有用的东西，真不敢说效果好。如果一个员工真的想获得知识，会自己想办法学习，需要培训的也可以参加培训，不参加培训未必能说一个人的知识会跟不上，培训多也不等同于收获多。培训就像小树苗的成长一样，最多能够把一棵长歪了的小树苗扶正长直，或者长太直的小树苗弯曲成盆景，抑或多施点肥让它长快一点，断然不可能把一棵松树培训成榉树或者柏树的。

　　只有把工作当成事业做，所需要的培训才是最有益的。但真正想把工作当成事业做、能把工作当成事业做的，真的太少太少。智能制造正是这样一个可以把工作当成事业做的大课题，能不能用好智能制造这一大课题，也是智能制造能否在企业生根发芽的一个很关键因素。智能制造推进过程需要培训，但不要迷信培训。

　　智能制造涉及的培训面非常广，专业技术、信息化技术、管理能力都只是基础，真正的培训内容将比传统的培训更加面广量大，必须将培训的管理水平再提升几个台阶才能满足智能制造培训的要求。

　　经常会有人说，凡是培训都是好的，多了解一点总比少了解一点好。这话听着有道理，实际毫无意义。学无止境苦作舟，但一舟不可能航遍无涯学海，只能挑一个航向。马克思唯物主义好，是不是就可以学习再学习，奔着多学一遍都是好的，照着抄个千遍万遍？如果真这么干了是越学越透彻还是越学越不得其要？多未必就好，对于学习和培训，千万别迷信多，特别是做智能制造的，要紧扣"精准"。

　　与培训关系密切的是创新，培训了自然希望能有所突破，能够创新。创新是不是好事？创新是好事。但过度创新，就不一定是好事。

　　中国历史上有两个极具创新的朝代：秦朝和隋朝。秦朝创立了郡县制，隋朝创立了三省六部制并开创性地发明了科举制——郡县制和三省六部制这两个政治制度对后世产生了深远影响，甚至在现代社会还留有不少影子。

　　这两个朝代政治制度的创新好不好？极好！而且也是打破一个旧秩序，迎接一个新气象的伟大改革。可以说，如果没有这样突破性的创新，后代社会的发展有可能会走向不同的方向。但恰恰因为这两个创新，让秦朝和隋朝成了历史上的两个短命王朝。

秦朝的建立革了诸侯的命，郡县制又损害了秦皇室的利益；隋朝的三省六部制和科举制，损害了关陇门阀的利益。每次农民起义的背后，都离不开权贵的影子，仅仅靠农民，远远推翻不了强大的帝国。所以秦朝和隋朝灭亡的根本原因是过度创新，本质上是在当时的时代背景下进行的创新力有不逮。

过度创新直接造就了两个在中国历史上影响深远的短命王朝，纵观紧随在它们后面的汉朝和唐朝，在它们破旧迎新的基础上，稳步发展，都开创了举世瞩目的盛世伟绩。

那是不是说当智能制造技术还不成熟的时候，就该等着什么都不干呢？不是的。我们还是要有所为有所不为。有所为：接地气地干智能制造；有所不为：别好高骛远，跟风傻干。

有所为就是把理论合理转化落地并一步步向前不断推进。就以人工智能为例，目前很多人工智能都在研究各种算法和模型，有些领域取得了一定的成果，有些领域与预期还有很大的差距，在这样的情况下，是不是可以换个思路和途径来做这方面的研究呢？图灵测试可没有说一定用什么方法来实现人工智能，方法是黑匣子，可以是一切所能用的理论、技术和方法。

培训和创新的目的，说到底都是通过提升个人来推动企业发展。培训主要提升个人知识，培养各方面才能；创新主要提升个人的能动性与知识综合运用的能力。这两个方面对于个人来讲都是有好处的，但千万不能只是停留在口头的好，最后落到冷冰冰的培训和创新数据上，导致产生一大堆伪培训和伪创新。当然，只要工资不少发，大家一般都不会有多大的意见。

真正为你好，必然会在不知不觉中让人自觉主动地"要"而不是被迫地"受"，这也是前面说的拉和推的区别。培训和创新也要多拉少推，效果才好。

第五节　智能制造浪费

[?] 智能制造会有浪费？　大致有哪些方面的浪费？　值不值得重视？

对于一般的项目浪费比较好理解：有项目做错了，需要重做；有规划出问题了，需要重做；项目做太多重复投资了，浪费……

不管承认还是不承认，智能制造的做法跟信息化已经不完全一样了，就算信息化做得很好，信息化的推进方法已经很成熟了，但仍然用作信息化的方法做智能制造还是做不好的。遗憾的是，很多企业连信息化都没做好，谈何有正确的认识来做智能制造。

做信息化的时候，有的企业会引进很多应用，在初步梳理需求后找供应商进行交流。企业在交流的过程中发现自己以前没想到或看到过的"新功能"，喜欢一股脑儿引进，至于引进后用不用无所谓，反正这些功能很多是添头，白送的，感觉不亏。但真的不亏吗？有没有导致更多的额外工作？有没有更多的内耗？有没有更多的抵触情绪？有没有发现被牵着鼻子走？占便宜不全是好事！

对于智能制造来说，这样的思路和方法显然是更行不通了。每个人生下来都有一个脑袋、两只手、两条腿，多送你一个脑袋或者一只手，好不好？智能制造的精髓，在于精准。不要多，不要少，恰恰正好就是最好的状态。

相对信息化的浪费，智能制造一旦产生浪费将会更加严重。如果需要返工，从涉及的设备到信息采集，再到传输、存储、计算、应用、控制，将是全方位的重复投资。

普通项目层面的浪费，还稍微能看得清，历史发展趋势的浪费，有没有人引起警觉？

随着近十多年来大数据和智能制造话题满天飞，不了解大数据、智能制造，不参与做一点，很多企业都快觉得没面子了。这样高的热度，不由让人想起了20年前的互联网泡沫，同样与最新的信息化技术相关，同样的热情高涨。

马克·吐温曾经说过："历史不会重演，但总会惊人地相似。"有人说，你这态度太消极，事情还没做就打退堂鼓。我们来点积极的：回过头去看看，现在互联网和20年前的互联网技术、规模、成熟度孰优孰劣？我们不必悲观，互联网是大势所趋，大数据、智能制造也必然是大势所趋，但谁能保证你不是被挤出去的泡沫？所以对大数据、智能制造的态度要积极，但不能激进。

有的企业说我太有钱了，钱多得花不掉，就是要在智能制造方面投入大资金。那就投吧，反正总要有人去做研究开发工作的，帮大家蹚蹚智能制造之路也是非常有贡献的。

至于钱不够多的企业，最好能"高筑墙、广积粮、缓称王"。练好内部的基本功、打好基础比盲目跟风更重要，磨刀不误砍柴工。

老子说道：大器晚成。大器都是晚成的，这是道。大器早成一般都会有各种瑕疵，甚至会"早夭"。所以，炼智能制造这个"大器"，不需要急在一时，先把基础打好，精工细作，才是根本，没必要急不可待。只要对新技术、新应用报以积极的姿态，别不闻不问、嗤之以鼻、故步自封就好。

作为一个企业来讲，不了解历史，不懂防范智能制造泡沫是很危险的事情。这种浪费是巨大的，可能直接导致投资损失，甚至伤及企业根本。站在风口的猪，别幻想着都能飞上天，就算飞上天了，能不能平安落地很重要。

第六节　智能制造生态环境行则有，怠则无

[?]　智能制造生态环境怎么构建？ 什么时候构建合适？ 需要注意哪些问题？

要做好智能制造，构建智能制造生态环境必不可少。什么是智能制造生态环境？从大的层面上说，是适合智能制造推进的各项先决条件，如技术条件、意识形态的条件、企业文化条件、管理的条件等所有有利于智能制造工作的，都是智能制造生态环境的范畴。

智能制造的推进，不能局限于技术本身，需要从流程变革、业务变革、管理变革，甚至组织变革、生产关系变革等方面全方位着手。换句话说，凡是可以为支持智能制造工作做努力的地方，都要做出相应的创新与变革。硬让智能制造工作适应当前企业的环境，智能制造是做不起来的。智能制造不仅是技术的变革，还将涉及社会的变革。工业革命不是挑块瓦、砸块砖就能顺应时代大潮流的，这个理念需要先领悟到位。

智能制造为什么会推不动，经常困难重重、毫无头绪？主要原因还是智能制造生态环境没有构建好。这里面有不知道如何构建的，也有存在实际困难的。举一个看上去简单又不好做的点：数据治理。

数据治理已经喊了很多年，看上去已经很有思路了，但认真想想，真的都已经搞明白、有方向了？

智能制造绕不开数据分析，数据分析最终离不开数据治理。但是说实话，真正想把数据治理做好，既麻烦又出不了鲜亮的成绩，导致咨询公司不乐意做，软件公司不乐意做，企业内部乐意做的也不多。吃惯了短平快的快餐，尝过了项目结束就能发朋友圈的乐趣，苦练内功的活确实挺遭人嫌弃的，何况是不好练的内功，甚至连练功心法都没有，这就难上加难了。所以数据治理，很多都做在了表面。

智能制造要想做好，真的不容易。但不容易做不代表不能做，智能制造生态环境就是一个很好的破题点。而且做生态环境应该是由心而生，于形而止。想做，什么时候都能开始做；不想做，花架子搭台跟着喊喊，细究下来就是见形不见影。

智能制造生态环境随时可以构建，但永远没有终点，需要不停地补充和完善。构建良好的智能制造生态环境，让生态环境对智能制造起到孵化的作用，同时也是一个漫长的强化内功打造智能制造的过程。

智能制造生态环境的构建，要有切入点，可以是技术的，也可以是管理的，归根结底是技术加管理的。从哪方面入手都可以，但"两手都要抓，两手都要硬"。

先通过流程的、制度的、人文的、网络的、数据组织的、应用的等各种因素融合架构，构建智能制造生态环境；再通过智能制造工作，使智能制造生态环境不断智能化，反过来推动流程的、制度的、人文的、网络的、数据组织的、应用的等各方面的进步，智能制造工作才能得到良性循环发展。智能制造生态环境的架构过程，也是信息化从流程驱动向数据驱动转变的一个过程。

智能制造生态环境的架构，在技术上要参考工业互联网平台等相关主题的建设，必然要用到"云、大、移、物、智"等新一代信息技术，这些都是相辅相成、并行不悖的。智能制造环境与智能制造工作是同步向前进的。

第七节　智能制造当向直中取

[?]　现在有很多企业做智能制造都属于严重的先天不足：自动化基础差，信息化也是不充分，两化勉强融合，还不时地扯皮——这种情况下，智能制造怎么做？从何着手？

智能制造应该直接做！信息化、自动化一起做，以信息化带动自动化，自动化围绕信息化，并向智能制造方向看齐了做，也即自顶向下规划好后再实施。

有企业觉得技术不行，资金不足，完全没方向。这个思路要不得，如果想干，先要有方向，找准了方向直接干！

直接干肯定不是蛮干，可以通过详细分析智能制造的实施路径，根据企业自身实际情况逐步推进，具体可以从多个角度分步实施。

首先，找准自身定位。

这里的自身，既指站在企业的角度，也指站在企业内部智能制造推进部门的角度。

从企业角度讲比较简单，做好自身调研，包括组织架构情况、运营情况、管理情况、信息化情况、自动化情况、行业特点、产品特点等，与当前同行业、跨行业智能制造推进情况进行对标分析，明确自己处在哪个位置、有哪些领先的地方、有哪些短板、有哪些急迫的缺陷需要马上补牢、有哪些优势可以进一步拔高扩大，第一步做什么就很清楚了。

如果是集团型的企业，站在集团层面，跟企业是类似的，同样先要做好集团本部及下属各企业的自身定位，厘清当前智能制造工作现状。

站在企业智能制造推进部门角度来讲，要明确自己智能制造主管与推进的角色，更要做好企业各部门（包括制造单元）智能制造引领者的角色。只有智能制造推进部门一个部门单打独斗是做不好智能制造的，全员参与也是所有部门都参与的意思。

企业各部门要共同参与，不是作为旁观者，也不是作为配角，每个部门都应该是这场盛宴中的主角。如何让每个部门都成为盛宴的主角，这是智能制造推进部门的责任；同时智能制造推进部门应该让每个部门都能找准自己定位、发挥自己的作用，要不然做了别人位置上的事，那是做不好的。

站在集团智能制造推进部门角度来讲，一方面，它跟企业智能制造推进部门有点相似，它也要让集团的各部门都成为智能制造盛宴的主角，让每个部门都能找准自己定位、发挥自己的作用；另一方面，它与企业智能制造又有所不同，它毕竟处在集团层面，不涉及企业的制造基础。

智能制造，重头戏还在制造。所以有必要分清哪些在集团层面做、哪些需要和企业联合做、哪些必须让企业下的制造单元小范围试验先做。与企业合作也要以下面企业和制造单元为主，层次分明、各司其职，发挥各自的能动性和特长。只有这样，智能制造的管理和技术脉络才清晰，落地才稳当。这种模式称作正奇结合模式，企业或制造单元小范围试验为奇，测试方法的可行性和可推广性；集团智能制造推进部门为正，结合自身智能制造应用情况，制定适合全集团的智能制造发展规划和应用推广路线。

其次，找准智能制造的定位。

智能制造定位，这里指在企业的定位，定位为开发、应用推广还是研发。只有找准定位，智能制造推进和实施的时候才能有的放矢。

先回顾一下信息化的定位，将信息化在一般的制造类相关企业定位为应用推广，绝大部分人应该不会有多大意见，当然也会有一定比例的研发，但占比不多，仅有少量的企业和软件公司，研发占的比重多一些。

试想一下，就现阶段而言，智能制造在制造类相关企业定位在哪一个层面呢？肯定不是开发，智能制造距成熟差了老大一截，离以"智能制造"为产品的生产还很遥远；应用推广，好像目前可推广的也并不多；真正能定位的，主要为研发。

我们在研发智能制造，并不是在开发，也不是在应用推广智能制造！这一点非常关键，因为对于开发、应用推广和研发所采取的套路都是不一样的，包括投入费用、组织方法、绩效评估等。

既然是研发，是不是该和产品研发一样，把智能制造归入传统产品研发业务？也不是。智能制造的研发与传统产品研发有着本质区别，智能制造的研发相对传统产品的研发，离公司经营决策更远、效益更不明显。当然，在智能制造推进过程中，离不开与传统研发相结合，不仅是产品研发，还有工艺研发、设备设施研发、信息化研发……这也是智能制造困难的地方。

既要归入研发，又不能等同于传统的产品研发，怎么办？拆分智能制造技术，一方面，对于已经有成功应用的，将其归为推广，对于没有成功应用的，可以参考产品研发；另一方面，如大数据应用，找准主体。

大数据应用，最关键的其实是数据分析利用。千万不能把大数据应用脱离数据分析利用的范畴，更不能把数据分析利用搞成研发，要实实在在地把它做成应用。怎么样做是应用，怎么样做是研发？智能制造推进部门或者信息化部门来做，做的就是研发；让业务为主体充分参与，做的就是分析数据、利用数据，而不再是研发数据。

再次，找准技术方法。

通过图灵测试鉴定人工智能是不指定具体技术的，只给出方法和判断标准。同理，我们再来看国家对智能制造中关于智能化的描述，"具有自感知、自决策、自执行、自适应、自学习等特征"，同样不需要指定具体技术，实现结果是关键。

智能制造必然有人工智能的成分，怎么判断是否具备人工智能呢？从技术方法上是很难分辨的，技术方法有一定的适用局限。譬如阿尔法狗只能下围棋，后续版本也仅限于棋类，要从棋类到生活，还有很长的路要走。不可能随便拿一个应用植入阿尔法狗的算法，就实现"智能"了。

既然技术和方法不是指定的必要条件，是不是可以从不同的角度来"研究"人工智能？

懂软件程序的都知道，软件程序开发最基础的是流程。对于传统的软件流程来说，不外乎顺序、循环、选择几种结构，软件的驱动是标准的流程驱动。对于智能化而言，流程驱动显然就远远不够了，必须从流程驱动转化到数据驱动。信息化向智能化转变，一个比较显著的特征就是从流程驱动向数据驱动的转变。将流程驱动日趋细化，达到或模拟数据驱动，实现信息化做到极致，使量变达到质变，实现智能化，也不失为一个好办法。

实现数据驱动，不可避免需要进行数据分析。假设将来有一个智能算法，成熟的算法能实现计算结果和实际值的高度重合，但目前还没有达到这样的高度，仅有一个智能算法雏形能与实际值的百分之三十左右匹配，在应用上无法使用。这时如果通过细化、优化信息化程序结合数据分析拟合得到与实际数值百分之八十左右相一致的结果，能在实际中进行局部应用，就已经比智能算法优秀了。哪怕以后智能算法更优秀，在这个时间点上，信息化程序弥补了这一段空窗期，这能不能算当前阶段的"人工智能"呢？这种基于数据分析的"拟合智能"填补了信息化高级阶段到人工智能阶段的中间过渡阶段，就跟IBM"深蓝"一样，达到设计目的就能显示其"智能性"，虽然它没有神经网络、深度学习、蒙特卡洛树搜索法等智能算法。

最后，找准关联性。

智能制造不可能一口气吃成一个胖子。需要有高级自动化，要有高级信息化，要由信息化的"自动化"逐步向信息化的"智能化"转变……需要做的工作不少，要经历的过程也不短，以至于有的企业一筹莫展，要么专盯着信息化发展了，要么专盯着自动化发展了，真正盯着智能制造发展的不多——确实不知道该侧重哪方面，所以找准智能制造内部关键要素之间的关联性就非常重要。

找关联性，应该以点突破，先有个切入点，从智能制造相关技术上打基础，可以是万物互联，可以是大数据应用，也可以是数据治理、网络环境，包括值得探讨的流程智能化。总的原则既要能短期出效果，又能长期持续发展，一步一个脚印，一步一点积累。短期出效果就是切入点选得好，长期持续发展就是智能制造内部关键要素之间的关联性找得好。

譬如大数据应用，在制造类相关企业的大致场景可以有分析决策、工艺改进、研发突破、智能制造层面的及时反馈与控制等。做不了智能制造层面的及时反馈与控制是不是可以先做研发突破？做不了研发突破是不是可以考虑工艺改进？工艺改进都做不了，是不是可以先把分析决策和数据治理做起来（这里所说的数据治理可不仅仅是将需要进入大数据平台的数据进行规范，数据治理在管理中属于苦练内功的活，不简单、更不能片面）？

不做全面突破，同样可以先找一处做好，又能开始后续的研究和应用，这就是智能制造要考虑的关联性。这个思路在做信息化的时候，就应该要有。只知道被动接受任务，做到哪是哪，就算做得再多，做得再花哨，也只是无根无源的插花，说枯就萎，只能不停地买、买、买，通过以新换旧来粉饰生机。

充分的关联性也能体现某方面功能的"智能水平"，不好好谋划，就怕买都买不来真正有竞争力的核心技术。

第八节　在基础工作中找智能制造切入点

[?]　**智能制造怎么做？　少听虚言学读书。**

读书要先把书读厚，再把书读薄。怎么读厚？找资料，扩充知识点，练习基本功；怎么读薄？融会贯通！

做智能制造要学读书：先读厚，再读薄。具体从哪方面作为切入点来读智能制造这本书？最好的切入点，应该是流程。智能制造有很多外显的特征，其中很重要的一个特征就是流程的极度简化。流程是一项很基础的工作，但基础工作往往在不经意间，就是一扇通向智能制造康庄大道的大门。

现阶段把所有流程（包括生产生活、管理运营、沟通交流……凡事以流程起，以流程终）都梳理清晰的企业不多，按流程来指导企业运行的更少。主要原因是流程涉及面太广，流程太多，没有办法把流程都梳理清楚，而且流程不是一成不变的，随时都会发生变化，费神费力不说，效果未必很好。

在很多企业，有些流程在制度里，有些在文件里，有些在主管部门日常工作里，有些在领导和业务员的大脑里，企业实际也在按流程运作，但没有人能说得非常清楚和全面，所以流程信息化很重要。问题是流程信息化有其局限性，要真正把流程这本书读好，推进流程智能化就显得非常有必要。但现在落实到纸面上的流程却不多，更不要说进入信息化了。有的企业在信息化系统里也有流程，但这些流程，绝大多数只是为了线上审批的需要；有些信息化系统的设计涵盖了流程的管理要求，但并没有确切直观的流程总览性的直观记录，更无直观的、完整的增、删、改、查功能。

如果不把企业的流程清晰全面地梳理出来并维护好，时间一长，基础工作很难保证执行不变样，特别是大企业，单纯靠管理者和员工的自觉自愿维持是行不通的。换一个领导或者换一名员工，都有可能遗漏、忽视原来工作流程的一部分，按自己的想法变更一部分，而且变更的，是不是比原来更优，没有任何分析对比。这样的做法人治的因素更多一点，即使在多次的流程变更过程中有好的做法、好的经验也没法得到好的维持与传承，在这种情况下推进智能制造又在不经意间多出了许多困难。

通过优化流程来推动信息化的发展，这个方法是经过很多知名企业实际检验后确认行之有效的方法，可以在信息化（同样也包括自动化）的推进过程中起到事半功倍的效果。

企业如果在推动信息化过程中没有很好地理顺、做好流程这个基础工作，说明信息化还存在欠缺，这个功课同样需要马上补。在补课的同时，可以温故而知新，让企业在智能制造推进过程中发现可为之处。

抛开智能制造具体实施路径和方法，先了解一下流程的简化。流程要实现"极度"简化，需要先把企业当前的流程全面梳理出来，把流程这本"书"读厚，掌握现状，然后根据现状，想办法逐步优化，最终实现流程的极度简化，这本"书"自然而然也就读薄了。

有人认为直接上智能设备或者直接想办法简化一些流程就能达到目的。但简化前是不是应该先把当前的状况理清楚？智能制造不是一两个智能设备的事，也不是一两年就能完成的事。局部的流程简化一下，不影响其他的流程，自然没多大的问题，但如果是全方位的流程简化，流程与流程之间有交互、有因果关系，这就不能随心所欲地简化了。

从另一个角度看，如果不管三七二十一，过多地盯着局部，不考虑全局，不经意间也违反了智能制造自顶向下设计的原则，与总的智能制造推进产生矛盾，这样在简化的过程中不知不觉就会遇到"我们没做错什么，但我们真的失败了"的局面。智能制造可不缺产生这点反面典型的"魄力"！

所以最好的办法还是要从全局出发，先把流程这本书"读厚"，再融会贯通，抽丝剥茧，简化流程，在这个过程中统筹全局，引入智能制造规划，借助智能制造新技术，围绕流程进行变革。

全面的流程信息化实施起来是有一定难度的，所以需要流程智能化。流程智能化，不是流程行业的智能化实施，也不是流程图的智能化实现，更不是智能化的流程管理，是针对流程信息化的"智能化"应用和实现，以此解决制造类相关企业智能制造推进过程中的流程管理和梳理问题，让企业能快速定位、确定智能制造推进过程中流程的变化情况，为智能制造落地寻求切入点和主攻方向，以便缩短、优化智能制造落地过程。

不能把智能制造当成传统的信息化和自动化，可以随便跟风就能实施的一个个独立的项目。智能制造做到深处，是一个全方位不断创新的过程，是企业自我核心竞争力的一个综合实现。成功了要么你把其他企业都甩下了，要么你把自己整体打包成整体解决方案，实现对外输出。跟风干是干不好智能制造的，其他不说，单说一点：你的流程能跟别人家的都一样？东施效颦永远不会懂西施的内涵。

管理是门艺术，要想管理好并不简单，对管理者的要求非常高，有没有一种方法可以无为而治，就能简化管理呢？"为无为则无不治"，前提是所有人都知道该做什么、不该做什么、怎么做，并能不违背规则按部就班地做。这比较理想化，但通过流程智能化，将该做什么、不该做什么、怎么做都按流程实现，通过流程的规范让人按部就班地做，不正是在一定程度探索无为而治的一个新方法吗？这对智能制造持续推进的作用是否比实现一两个"高级自动化"项目更具有意义？

功夫高手需要一本好的武功秘籍，通过勤修苦练打通任督二脉，更上一层楼。企业也需要一本好的秘籍，打通原有的各方面淤塞。武功讲经脉，流程恰恰担当了企业正常运转过程中的"经脉"。实施流程智能化，将成为打通企业任督二脉，打造智能制造的上乘"武功秘籍"。

做好流程智能化，要考虑包括流程生成的智能化、流程应用的智能化（流程内部流转的智能化）、流程改变的智能化、流程精简的智能化、流程之间综合关联的智能化等具体工作。将最基础的工作，做出亮点来，会是智能制造推进过程中的常态。

智能制造将是一个长期的过程，伴随这个过程，通过用好流程来推进各项工作就显得十分重要，同时利用流程来简化流程本身，同样有利于智能制造的推进。如果连最基础的流程都搞不清，盲目地进行智能制造技术攻关，很难接智能制造的地气。

发挥智能制造最大优势的，应该是互联互通为基础的智能协同。在将来很长一段时间内，人工智能不可能懂"潜规则"，只有把规则明确化，定义成可执行的流程，智能制造才能发挥更大的作用，要不然就只能在点上进行"数据自娱"，而不能形成数据推动的"合力"。

本章小结

就跟"云、大、移、物、智"五个技术一样，智能制造总的方向是没有问题的，但具体落地还需要根据实际情况稳步推进。同样是急不得、缓不得、躺不得。不急于冒进，防止做无用功、对企业发展起反作用；要在现有条件下积极探索适合企业的智能制造落地方法；更要防止一觉醒来，发现已经被智能制造技术无情地抛下，失去了追赶的机会。

下 篇　智能制造工作常见问题

智能制造工作有哪些常见问题？该怎么认识、理解和避免？

智能制造虽然说起来简单，但真正实施起来，会遇到各种各样的问题，特别是信息化推进不是很顺利的企业，想要做智能制造，问题更大。

很多企业现在都在做智能制造，各种新技术、新方法、新思维、新理论层出不穷，实施的理由五花八门，形成的效果眼花缭乱，产生的效益千差万别，对智能制造的认识莫衷一是。

有的企业实施了很多智能制造项目，但对智能制造还是一知半解，对后续发展仍然一筹莫展。究其原因，一是稀里糊涂，做一天和尚敲一天钟，没有真正认真想过智能制造工作；二是人云亦云，思想僵化，没有真正想明白智能制造工作的本质；三是得过且过，知道问题所在，找各种借口敷衍塞责，没有真正想要做智能制造工作。所以在智能制造项目实施过程中，产生各种稀奇古怪的问题：有新瓶装旧酒，套个外套继续做信息化、自动化工作的；有理论一大堆，实施一团糟的；有看着还可以，做完没后劲的。真正算效益，未必算得清。

有一个问题，很多人都没有特别关注或者是关注不到位，那就是成本问题。以信息化项目为例，一般的信息化项目包含硬件设备费用、软件授权费用、软件开发费用及为完成项目产生的各项配套费用，比较容易忽视的是信息化项目更新换代的成本和运维成本。

信息化项目上线运行后，生命周期一般为5~8年，8年后再不更新换代就会产生各种问题，最主要的问题是硬件需要淘汰。一般推进实施信息化项目的时候，都会选择应用比较成熟的信息化设备，等5~8年后市场上已经很难找到相同型号的配件了，信息化项目所承载的设备设施就会存在极大的隐患。如果把硬件淘汰，实现硬件的更新换代，软件问题会随之而来：操作系统变了，各种第三方软件跟着变，原有信息化的应用软件也必须跟着变，相当于要把整个信息化项目重做一遍。

除了更新换代的成本，信息化项目的运维成本也是不可忽视的一块费用，主要是应用系统在正常运行的 5~8 年间的设备运维成本和人工运维成本。

有人觉得用虚拟化平台或者超融合平台架构就能解决硬件的问题，软件的问题也能随之解决，这不能不说是个方向。但实际上，虚拟化平台和超融合平台架构也存在硬件更新换代的问题，并不是不受任何限制就能往原有架构上增加或更换服务器的。5~8 年后，除非原有设备不需要维护，一直健康稳定地运行，否则可能等来的将是整套虚拟化平台和超融合平台的更新换代，这个成本也不低。

再看软件，虚拟化平台或者超融合平台架构在一定程度上能延长操作系统的使用年限，但也不是长久的，有些早期的操作系统，会被淘汰不再支持。做软件的都知道，操作系统变了，原有的应用程序基本上就要考虑更新换代了。

综上所述，信息化的成本投入，与常规生产设备设施、自动化的成本是有差别的，多了更多隐性的成本，智能制造同样会有这些情况，甚至更突出。

不管智能制造在什么水平，相关的项目必然包含很多信息化内容，这是无法避免的，所以信息化存在的问题，智能制造一定会存在；同时，智能制造应用了更多的新一代信息技术，在技术层面的迭代替换和更新换代会更频繁；另外，智能制造与应用主题的关联更密切，与生产设备设施及数据采集、传输等相关的专题内容更多，耦合度更高，隐性成本也会更高。

为对智能制造工作有个清晰的了解，下面几个章节讨论一下智能制造工作中的一些常见问题。这些问题不解决，由此产生的各种隐性成本将更高。

第五章　破不开的五层架构

[?]　信息化的五层架构是什么？　五层架构跟智能制造工作有怎样的关联？

　　很多信息化发展相对成熟的企业，对信息系统的五层架构比较亲切。信息系统五层架构适应了信息化、工业化融合的时代潮流和趋势，为两化融合的发展和深度融合作出了不朽的贡献。但反过来，信息系统的五层架构，在一定程度上固化了信息系统的应用视界，在很多企业信息化从业人员思想中根深蒂固，对智能制造工作的推动产生一定程度的阻碍。

　　五层架构中的各个系统、各个应用都各自为政，不管在系统应用的信息互通方面，还是运维团队的组织架构方面、业务流程归属管理的组织架构方面，都或多或少，或有意或无意地垒起了很多围墙，成为一个个独立王国。每一个系统、每一个应用都只有少量的信息与其他系统进行必要的交互，以此连通信息系统的五层架构。要想破开这样的成熟架构，不仅仅是技术的问题，更是一个生态环境的问题。

　　如果不破开信息系统的五层架构，智能制造就无法真正贯彻落地并生根发芽，智能制造生态环境存在先天问题，智能制造很难顺利推进。

　　先看看典型的信息化五层架构的构成和基本的运行原理，如图 5-1 所示。

　　这是一个典型的流程型企业的信息系统五层架构图。底层是电气自动化和过程控制系统，包括 PLC 和 PCS；中间层是制造管理（MES）和经营管理（ERP）；顶层是分析决策和集团管控。

　　很多企业在信息化发展过程中，先重点做了经营管理层（ERP），后续再将功能逐步细化，在 PLC、PCS 之上，做了制造执行系统，作为对 ERP 的补充以及 PLC、PCS 与 ERP 之间承上启下的纽带，形成了各大工序（车间）的 MES。这样就架构起了企业的四层信息化架构。

　　刚做 ERP（或更早的"企业信息管理系统"）的时候，很多 PLC、PCS 的数据与经营管理层是很少有信息交互的，很多车间的制造管理功能也由经营管理层系统兼带实现。这样存在的问题是制造管理功能非常粗犷，很多制造管理过程不够细致，有的甚至完全没有管理起来，数据落地、脱节是常态。

　　为了实现更加精细化的系统管理，MES（制造执行系统）应运而生了。增加 MES 这一制造执行层后，PLC、PCS 这些底层的信息能自动经过 MES 上传到 ERP，生产性指令信息也能通过 MES 层层传递到机组的自动控制层，由此也在

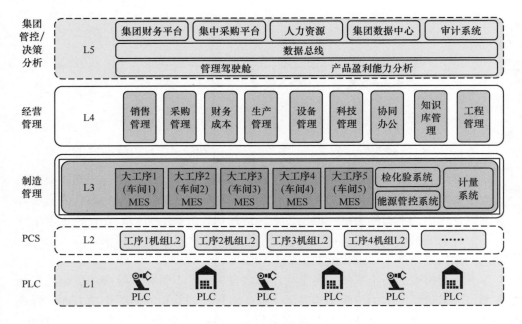

图 5-1 信息化系统架构图

不同时期产生了"胖 MES""瘦 MES"等与 ERP 功能衔接的定制化 MES 系统。这样企业信息系统的四层架构就比较完整了。

当然，有些企业自动化基础比较弱，没有完备的 PLC、PCS 系统。但通过人工或前置的数据收集系统，也能架构起适合自己企业的信息化系统体系。

四层架构信息系统的数据经过积累后日趋完整，决策分析的需求自然而然产生并得以实现，以总经理部查询系统、管理驾驶舱、数字化看板、产品盈利能力决策分析等为代表的决策分析系统，形成了第五层——决策分析层。

集团型企业，在五层架构上还有一层集团管控层，一般也可以把它与决策分析一起当作企业的第五层架构。

下面重点了解一下流程型企业五层架构中的第三层 MES 系统和第四层经营管理层（ERP）一般都会有哪些功能，以此展开分析五层架构对智能制造推进过程的影响。

第一节 五层架构之经营管理层（ERP） 主要功能

[?] **经营管理层（ERP， 处在第四层， 记作 L4）有哪些常规的功能?分别都有哪些具体内容?**

经营管理层（L4）在流程型企业（制造类相关企业也一样）一般都是以产、

供、销和财务账务、成本系统为核心，遵循"管理信息系统与管理发展同步"的指导思想来设计，包含销售管理、生产管理、质量管理、物料管理、出厂管理、财务管理、采购管理、设备管理、仓储管理等功能模块，实现企业级信息的集成、共享和信息快速响应，实现"信息流、物流、资金流"三流合一的管理目标，做到、做好"产销一体、管控衔接、三流同步"的企业信息化目标和核心任务。具体有以下管理模式和核心内容。

模式有：

（1）以"服务为中心"的生产管理组织模式：按照合同来精准组织生产，并在合同组织过程中优化各项资源的配置，按照长、中、短期的生产计划需求，合理编制相对应的长、中、短期合同计划和各类生产作业计划；同时按照合同要求进行原材料、在制品、半成品（大工序产成品）、产成品（企业最终产品）的统一管理；对合同的执行过程进行全方位动态、及时、准确的跟踪，为生产现场动态调整提供合理和最优化的依据，快速响应并满足市场和客户对生产订单的预期目标需求。

（2）以财务为中心：企业的所有业务活动最终都会体现在与财务指标相关的信息和数据上，实物流的变化必然伴随着资金流的变化。所以企业信息系统必须要充分体现出"以财务为中心"的理念，严格贯彻这一理念不动摇，在系统内部及系统与系统之间坚持"数出一门、传递顺畅、追溯方便"的原则，对生产过程中与成本有关的环节采用实时数据抛账方式，达到对现场各类物料、燃料动力能耗、设备、人工、产出等信息的及时掌控，实现"实物流、信息流、资金流"的三流同步。

"以财务为中心"的另一层含义，是围绕财务成本核算为中心，通过精准的成本核算设计，对抛账数据的种类、数据颗粒度进行规范，不仅能满足及时、准确核算的需求，更能以数据分析为手段，满足成本精细化管理的需求，进一步指导销售、生产、质量、仓储等各项业务活动，达到常态化提质增产、降本增效、敏捷交付的运营改善目的。

（3）以"大质量"理念为主线：只有优秀的设计和精准的制造才能生产出好的产品，后道检验只是保证产品满足出厂条件的一个环节，而不是关键核心，所以质量管理应该贯穿产品从合同订单审核、生产排产和实绩跟踪、产品检验、产品销售出厂、售后服务的整个业务过程，涉及原料采购、生产、销售、研发、试验检测、运输、财务等各业务部门，通过事前、事中、事后的全面质量过程管理与控制，提升生产制造过程中的工艺操作、控制水平和产成品质量，实现从单纯的质量检验到"大质量"理念的转变和突破。

（4）实现产销一体：构建产品标准规范体系，贯通销售和生产两大业务，把客户的合同订单通过自动合同处理转变成生产合同计划，通过精准生产，生产出满足客户需要的产品，从而达到销售业务与生产制造业务的一体化集成与及时互动。

（5）以柔性制造为特色：通过生产制造和生产管理的有机结合，将生产设备运行状态、物料理化性能变化、物料实际流经路径、状态和位置等执行层的变化实时动态反馈到制造管理和经营管理层，进一步通过实时调整，使合同订单的预测执行结果可变、可控，进而实现多品种、多规格、小批量的专业化柔性生产，集中体现出企业的工艺和装备特点，凸显企业柔性制造的特色。

（6）追求整体最优化：以精益采购、精益生产、精益销售、全流程业务协同、高效整合的运营管理理念，企业信息系统站在企业战略发展高度，坚持系统性、整体性、先进性的思维，按照专业化、流程化、标准化为设计理念和方法，梳理、规范企业业务管理流程，以工序衔接、业务一致、信息畅通、上传下达、资源最优化为方法和手段，以先进、科学、合理的信息化系统架构，搭建企业信息系统应用平台，真正地实现精益生产和客户服务的敏捷响应，助推企业提升信息化环境下的核心竞争优势。

经营管理层（L4）模块的功能为：

（1）销售管理模块一般包含客户基础资料维护、销售订单管理、产成品资源管理、售后管理、销售财务管理等功能。

1）客户基础资料维护。建立与企业往来的客户资料库，对客户进行统一编码，确保销售合同订单的订货、销售担保、销售货款及往来结算等业务流程的有序开展。

2）销售订单管理。与客户签订销售合同订单前通过产品标准规范检查订单的合理性；与客户签订销售合同订单后，采集完整信息进入系统，由销售部门进行整体订单的平衡，通过产销一体化系统，下发给生产，转化成生产合同进行排产。

3）产成品资源管理。对现有库存产成品进行分析，优先满足销售订单签订的需要，与销售订单管理结合，进行整体订单货源/生产的协调平衡。

4）售后管理。当产成品销售后，接到客户质量异议的，由销售牵头，其他相关部门进行质量调查和处理，最终与客户达成统一的处理意见，若需要财务赔款的，则将异议理赔信息交由财务部门做理赔处理依据。

售后管理还包括产成品的生命周期跟踪、销售数据分析、客户潜在需求分析等功能。

5）销售财务管理。高效的销售财务一般以先款后货的模式进行运转，先将票据录入系统作为客户的可用资金，形成客户资金池，将财务管理中的销售收款和销售结算业务与客户合同订单结合联动。当客户提货时根据提单信息将客户资金池按提单金额进行初步锁定，实际发货后发送至金税系统生成正式发票，并向财务系统抛收入凭证，合理地进行资金调配和管控，降低企业的应收账款，提高资金的周转和利用率。

（2）生产管理主要包含生产计划管理、物料申请、转用充当、合同准发、合同跟踪管理等内容。

1）生产计划管理。根据产成品生产的最后一道工序结束时间，预计所耗用的最长时间，倒排通过各工序的计划时间。根据产成品的加工工艺路径，在明确的生产周期内，计算各生产工序的计划时间和各类物料消耗数量，提前确定生产各道工序和机组的瓶颈，预测瓶颈工序和瓶颈机组的平均能力及剩余能力，各工序汇总当前合同订单欠量并进行平衡，确保合同交货计划时间的准确性和及时性。

2）物料申请。物料申请的目的是在物料输送能力协调顺畅的前提下，以生产合同为单位，按生产合同计划的要求和各生产要素进行原料的匹配和欠缺申请，以实现准确、及时的物料申请，并把生产所需的物料按时、按质、按量组织到位，从而保证生产合同严格按计划时间进行准时生产和交付。

3）转用充当。转用充当的目的是实现原材料、在制品、半成品、产成品等物料与销售订单匹配关系的合理优化，一方面能提高对客户服务的敏捷响应；另一方面能最大化合理利用在制品、半成品、产成品及余材，减少中间库存、充分利用好余材价值。

转用充当包含四个主要功能：

销售订单成品物料的脱合同功能，即将成品物料和原合同解除对应关系；

成品余材的挂合同功能，即成品物料与满足销售订单条件的合同建立起对应关系，完成余材的合理分配和利用；

在制品、半成品物料的脱合同功能和挂合同功能，即在制品、半成品在生产过程中根据敏捷响应的服务需要，与原销售订单解除对应关系，同时与满足销售订单条件的紧急交付合同建立起对应关系；

生产计划调整的联动功能，即通过后续生产计划的及时调整，动态平衡销售订单因转用充当引起的各种变化，以敏捷响应为目标，组织好后续的生产排产与库存压降工作。

4）合同准发。产成品物料完成生产并具备销售条件后就作为准发物料进行管理。通过专门的准发管理，可以加快产成品物料的出厂效率，保证仓储的合理调度和物流的顺畅。

5）合同跟踪。合同跟踪是生产管理的核心功能。以销售订单为最小单位进行物料的对应，准确、及时跟踪每一个订单的生产计划、生产进度，及时抛出实时数据进行订单状态的确认，对异常状态进行及时调整，保证订单的生产透明度与变动情况的实时反馈，实现敏捷的客户服务响应与订单按时、按质、按量交付的全流程管控跟踪。

（3）质量管理以"一贯制大质量"为管理理念，通过产品标准规范管理、合同质量管理、过程质量控制、检化验管理、质量判定管理、质保书管理，对产成品及其各加工工序进行一贯制大质量设计，全面管控产品的过程质量。

1）产品标准规范管理

通过产品标准规范码对产成品进行统一编码，对产成品标准规范码及其所代表的产成品的具体描述（如品名、产品标准、一般特性、客户特殊要求等）进行管理，同时对销售订单产成品的生产工艺、质量要求进行事前规范、事中控制、事后判验，真正在生产线上控制好产成品的质量，在出厂前严格判定产成品质量，减少客户的异议和投诉，树立品牌质量形象。

2）合同质量管理

合同质量管理是将客户的订货要求按照产品标准规范的定义转换成生产工艺控制的具体内容，实现销售订单到生产组织的转换。其中间包含一整套涵盖全过程的质量/生产控制目标数据，从而保证销售订单的生产可行性，为生产管理提供必要的合同数据准备。

3）过程质量控制

根据与客户签订的销售订单上的要求，利用产成品标准规范，通过预设计，得到生产该销售订单所应采用或满足的工艺质量参数，为后续的物料协调、生产制造、质量判定、质保书打印等业务提供基础标准信息；在生产制造期间为销售订单跟踪各项工艺、实绩数据等生产制造所必需的控制参数提供规范要求。

4）检化验管理

根据合同质量管理的设计下达检化验试验要求，并及时收集检化验数据，包括化学成分、拉伸试验、冲击试验、扭曲试验、硬度试验、产成品表面检测等试验数据，为在制品、半成品、产成品的质量判定提供质量性能依据。

5）质量判定管理

检化验性能判定是对产品进行包括物理、化学等性能的判定，根据检化验性能实绩数据与预先质量设计的检化验要求数据进行对比来确定该产品是否符合要求。综合判定是指在产品生产过程中、产成品出厂前按照标准设计和客户的要求进行包括物理、化学等性能的抽样分析，并根据分析数据进行检化验性能判定和过程跟踪，保证产成品生产制造过程的质量稳定、可控、可追溯和最终质量满足客户需求。

6）质保书管理

质保书是按照销售订单内容、产成品检化验实际数据、出厂产成品物料信息、订单质量设计要求规定的质保书打印内容，根据客户要求或企业统一要求制作的产成品与质量相关内容的质量保证书。

（4）物料管理包括对基础信息、质量信息、订单信息、作业信息、库位信息等的管理。通过实时收集各 MES 系统的生产实绩数据，对物料在生产过程中进行信息跟踪，实现信息流与实物流的同步。物料管理模块与生产、质量、仓储、成本、销售等模块实时交互，保证物料流转顺畅，同时能满足来料加工、委外加工流程的需要。

（5）出厂管理满足按销售订单组织出厂的要求，在功能设计上尽量减少产成品翻堆倒垛，节省人力、物力，加快物料周转，提高库区库位利用率。

出厂管理主要包括产成品存货管理、出厂计划管理、发货管理、单证管理等功能，综合考虑产成品出厂管理的特点，保证整体系统对出厂管理有较好的适应性，同时提升物料管理效能。

（6）财务管理主要有两部分，一是总账管理，二是成本管理。

1）总账管理一般有专业的总账管理软件，经营管理层（L4）更多的是收集总账会计需要的应收应付信息，通过接口传送到总账管理软件，方便财务做账。

2）成本管理是企业经营管理层（L4）的重要部分，主要包括主产品和副产品管理、厂务会计管理、成本核算管理、成本分析等功能。成本管理为企业提供一个统一的成本管理维度的信息化平台，以成本核算为核心，围绕成本核算，通过系统整体设计，自动采集/收集、计算生产制造过程的各项成本账务信息，实现成本账务处理的自动化，与财务总账管理通过接口进行信息交互，确保提供的账务信息及时、准确、完整，实现数据集中处理、数出一门、自动抛账等基本功能。

成本管理为财务管理提供全面、及时、准确的各类成本信息。通过与销售管理的联动分析，实现产成品盈利预测、企业利润预测；通过与生产管理的联动分析，实现企业内部成本的控制，并发现操作、设备要素的改善提升内容；通过与质量管理的联动分析，实现企业工艺参数、工艺路径的最优化寻优功能；通过与仓储管理的联动分析，实现企业压降库存成本/备货备料的实时决策支持。

（7）采购管理主要有物料管理（包括物料的申请、审批、管理、查询等）、供应商管理、采购寻源管理（包括招投标管理、采购合同模板管理、采购合同管理、采购合同审批等）、采购执行管理（包括采购计划管理、采购订单管理、预到货管理和采购结算管理等）、库存管理（包括收货管理、称重计量及检化验管理、入库管理、出库管理、退库管理、移库调拨管理、盘库管理、库存预警等）等功能。

采购管理以采购物资的计划、入出库、结算为主要业务主线，围绕生产、检修、科研、管理等使用的原材料、燃料、设备备件、办公用品等内容建立统一集中的信息化管理系统，实现采购业务的标准信息化，保障生产制造和企业运营管理得到有序、高效、高性价比的物料供应。

（8）设备管理包括设备基准管理、设备点检管理、设备运行管理、检修管理、检修项目管理、检修合同管理、费用管理、固定资产管理、机旁备件管理、特种设备管理、测量设备检校管理等功能。

设备管理围绕设备的全生命周期开展信息系统的活动，以实现设备管理水平的提升和设备管理流程的规范为手段，达到企业生产制造设备运行状态和费用的最优化、设备管理工作质量和效率最高化的目标，助推企业设备管理工作由管理到决策的转变。

（9）仓储管理主要包括在制品、半成品、产成品的全生产周期管理。仓储管理通过实时收集各 MES 系统的生产制造实绩信息，对物料的基础信息、质量信息、订单信息、作业计划信息、库位信息等各信息进行实时跟踪，实现信息流与实物流的同步和一致，形成在制品、半成品、产成品的实时库存库位、出入库等信息。

仓储管理在某一时间段的库存静态信息是财务成本核算的重要依据。仓储管理的实时、准确、高效，保证了生产制造的有序进行和客户敏捷服务的跟踪查询需要，为进一步分析决策提供真实的生产物料状态数据。

第二节　五层架构之制造管理层（MES）主要功能

[?] 制造管理层有哪些常规的功能？分别都有哪些具体内容？

制造执行层即制造执行系统（MES，处在第三层，记作 L3）很多功能与经营管理层（L4）大同小异，甚至有重叠的地方，主要的不同点在于经营管理层侧重于面向企业，制造执行层侧重于面向大工序（或车间）。

制造执行系统主要实现大工序（或车间）级生产计划的执行和计划的调整，实时采集/收集每一个工序的生产实绩，记录物料的流转情况和库存情况，对物料全生产周期的质量信息按工艺设计要求进行收集，对物料的某些性能进行判定。实现与各个机组 L2 之间的信息交互，在 L2 与 L4 之间起到承上启下的作用，实现信息的自动下发和上传，提升信息在 L2 和 L3 之间通信的自动化水平。

制造执行系统主要有分工序命令管理、作业命令管理、生产实绩管理、过程质量管理、仓库管理、发货管理、设备换装管理等模块。

（1）分工序命令管理。每个工序按照产品标准规范设计的质量要求通过分工序命令由经营管理层系统下达到 MES 系统中，再由作业命令下达给各机组 L2 系统。通过分工序命令管理，实现 MES 层的生产组织，并对物流进行一定程度的性能判定。

（2）作业命令管理。作业命令管理主要根据经营管理层系统下发的计划信息，按生产情况进行实时调整，下达作业命令到各机组 L2 进行过程控制并实现具体制造。

（3）生产实绩管理。各机组 L2 在制造过程中，将具体的生产实绩数据上传至 L3，这些生产实绩数据可以包括物流过机组的基本信息、时间、数量、投入、产出、异常处理等实时数据。

（4）过程质量管理。在生产制造过程中，按照产品标准规范设计的质量要求定时、定点、定数、定方式、定标准对生产的物料进行规范的质量检查、判定与处置，并及时与经营管理层系统进行质量信息的交互。

（5）仓库管理。包括原材料物料、在制品物料、半成品物料的入库、出库、库内操作、转库、退库等各种库存管理，实时对物料的库区库位及各项状态、属性信息进行跟踪和记录，按周期形成各库存静态收发存表，以便对实物进行信息的跟踪、追溯和分析，提供数据给 L4 进行产销一体化管理和成本核算、分析管理。

（6）发货管理。有些情况下存在产成品借用半成品库区等情况，经由经营管理层系统（L4）委托，按出厂计划进行属地发货管理，确保半成品、产成品物料的有序物流流转和出厂发货业务的高效协同。

（7）设备换装管理。大工序（车间）关键设备的换装关乎高节奏、高质量的生产保障，对更换频率比较高的关键设备进行基本信息、备件信息、换装计划、换装实绩等信息的管理，以达到有序、高质、通过分析不断优化的科学有效管理目的。

前面对 L4 经营管理层（ERP）和 L3 制造管理层（MES）的大致功能只做了简单介绍，许多模块和功能都没有提及，实际的系统要更复杂。很多开发、运维团队都是按照模块来划分工作内容和协同机制，以方便项目的实施和运维的管理。

第三节　五层架构推进智能制造过程中存在的问题

[?] 信息化五层架构在推进智能制造过程中有哪些问题？需要注意什么？

不同的企业、不同的产品、不同的工艺、不同的战略定位和管理，导致企业的 L4 级和企业内部的 L3 级都有不同的要求、内容和各自的实现方式，实际情况远比上面的介绍和图 5-1 要复杂得多。

通过上述简单介绍，可以看出 L4 经营管理层（ERP）和 L3 制造管理层（MES）由于实际销售订单组织、物料生产组织、物料质量判定和物料流转、采购与设备管理、成本核算分析等多种功能实现的业务流程需求，各模块内部、各模块之间信息交互频繁，信息交换量大，很多信息交互实时性要求高，这保证了传统业务流程在信息系统应用中的执行效率和执行质量。

经营管理层（ERP）和制造管理层（MES）之间通过信息通信的方式实现松耦合，它们内部的模块之间也尽量以松耦合的理念进行设计，各个系统、各个模块相对独立的，无法做到信息"心随意转"的无障碍通信。

图 5-2 是信息系统五层架构内部的信息交互示意图，其中弱化了 L1 与 L2 之间的信息交互。从图中可以看出，各系统相对独立、层级分明，信息传输以逐层传递为主。同时为了保证生产不受信息系统安全因素的影响，各层系统之间做了很多防护，很多 L1 独立成网，L2 通过网闸等设备进行信息的单向（或受限）传递，L3、L4、L5 之间普遍以防火墙等设备进行隔离。

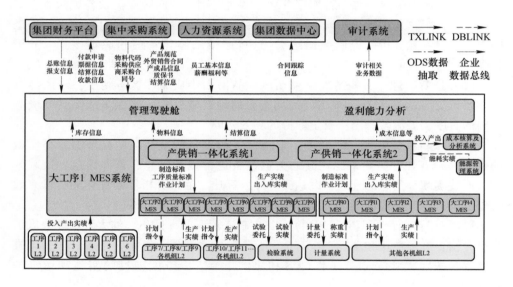

图 5-2　信息系统五层架构内部的信息交互示意图

集团管控/决策分析层（L5）根据集团管控要求和企业决策分析的需要，有多种不同的业务管控系统和分析决策系统。

L4 经营管理层（ERP）核心基本以产供销系统为主，辅以各专业级系统。有的企业主要产品的生产工艺流程差异很大，很难统一在一个产供销系统中，就会根据实际情况存在多个产供销系统的情况。

L3 以各大工序（车间）为单位实施，便于大工序（车间）的生产组织和管理调度，企业有多少个大工序（车间），就会有多少个 MES。

L2 是以机组为主要对象的过程控制系统，不仅承担了生产控制，还起到了 L1 与 L3 信息的通信。有些情况下，L3、L4 会直接采集 L1 的信号，但也需要有一个中间系统进行数据的存储、整理与转发等工作，这个中间系统承担了 L2 的部分功能，也可以看成专用的 L2 或者 L2 的延伸。当然，L3、L4 的部分功能往上延伸、往下延伸也都是常有的。

从 L1 到 L5 系统众多，各系统上线使用的时间很难高度一致，系统开发的服务供应商各有不同，使用的操作系统、计算机语言、数据库、中间件也不能统一，更不要说系统架构了。这样的情况下，能满足五层架构系统之间信息量级的传递已经殊为不易，要进行数据量级的传输需要做的工作如万里路刚起步，甚至都还没准备好怎么走。有的智能制造规划，在原有五层架构的基础上进行扩充、优化、整合，如图 5-3 所示，具体实施还都在尝试阶段，实施效果还有待进一步评估与验证。

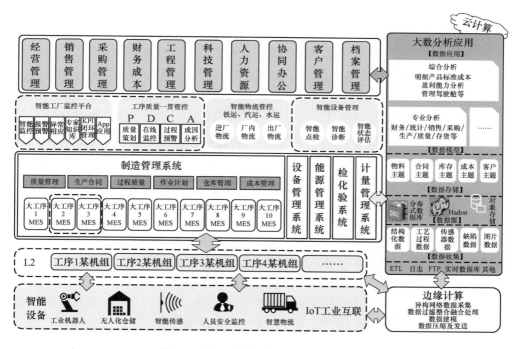

图 5-3　基于五层架构的智能制造规划

图 5-3 在充分考虑企业原有成熟的五层架构基础上，以大数据和智能平台为突破口，保留了原有架构的完整性，充分利用原有成熟的信息系统体系，不失为一个探索智能制造的有效手段。但按此规划蓝图推动智能制造建设，至少有几方面的工作需要一项项予以落实：

（1）原有信息化和自动化的改造。

企业原有信息化、自动化的程度如何？对于已有的信息化、自动化系统的信息、信号，以及程序、数据开发的成熟度怎么样？是否具备数据交互能力，能否满足数据交互要求？数据的规范性要求做得怎么样了？基础代码的一致性问题解决了没有？数据资产理得怎么样了？数据治理该如何着手？

有的企业信息化、自动化程度都不是很高，要实现图 5-3 的规划，显然是有困难的。这样的规划，需要信息化、自动化程度都达到一定的程度，如果信息化都还没有或者还处在初始阶段，信息的通路尚未实现，数据的通路还言之过早。

这样的情况是不是不能做？也不是，但需要更改规划，从基础的自动化、信息化到智能制造规划进行一体化考虑。能补自动化的，先补自动化，能补信息化先补信息化。如果能从智能制造高度考虑，自顶向下一体化设计，再层层分解落实到信息化和自动化推进，会更妥当。

道理很简单，最终还要看企业自身需要什么。要企业形象的，按提升企业形象的方式做；要求有实际效益的，按实际效益的角度做；要长期布局的，按长期规划逐步实现；要包装对外宣传或做产品推广的，按宣传、产品推广的套路进行。总的原则不能为补而补、为做而做，没有了初心，方向就会跑偏，最终的效果就不能有效落实，智能制造工作就无法坚持长久开展，积累和沉淀更无从谈起。

有的企业在两化融合方面经过多年耕耘，具备了基本的五层信息化架构，但整个企业范围内全流程的信息化、自动化系统的信息、信号还或多或少存在着断点、数据落地等情况，程序、数据的开发并不成熟，甚至自己都没有运维能力，数据交互依靠原有系统上线时开发的接口，改变接口还需要请服务供应商进行二次开发。这样的情况下开展智能制造工作显然也会困难重重，未必比信息化、自动化不全的好多少。

如果有良好的信息化、自动化基础，智能制造工作开展就一定方便？实际上同样存在很多需要解决的问题。如图 5-3 所示，各个 ERP、MES、L2 系统之间，原来只是部分数据的信息连通，很多基础数据和基础代码都各自为政，不会互相干扰，系统内部通过各自代码体系来标识各类对象名称、属性等重要内容。智能制造工作的推进会逐步要求不同系统的数据进入同一个系统、同一个数据池或者实现数据级的互联互通，数据定义等基础性问题就显现出来了。这就涉及数据资产的整理和数据治理的内容，但数据资产和数据治理远远不是把各系统的基础数据、基础代码整理完整、协调一致就结束了，这些工作仅是数据资产和数据治理的冰山一角而已。

（2）对原有网络的改造。

为保证生产不受网络信息安全事件的影响，杜绝来自企业内部网络和外部网络的安全风险，包括病毒、木马、黑客攻击等，一般都把 L1、L2 进行物理或逻辑的隔离，再通过特殊的通道进行信息的传输。这样往往导致信息传输的通道受限、信息传输的带宽受限、信息传输的方向受限，要传输更多的信息，实现数据量级的互通存在网络物理障碍。

L3 与 L3 之间，L3 与 L4 之间同样存在这样的问题，只是稍微比 L1、L2 的情况好一点，通道更多一点、带宽更大一点、方向更灵活一点，但也存在画地为牢、各自为政的情况。

在这样的网络环境下要实现数据的互联互通殊为不易，即使仅仅是对现有的网络进行改造就很困难。贸然地改造，可能会因网络信息安全问题影响到生产安全，反而得不偿失。

企业在做智能制造前，网络方面的问题如果还没有想清楚，也没有做好充分的思想准备，不如不做。

（3）新一代信息技术的应用与推广。

新一代信息技术，包括人工智能、移动互联网、云计算、大数据、5G 等方面的技术是不是都成熟了，每一种技术有没有存在某些方面的缺陷，技术之间协同与配合是不是已经成熟并成功应用，应用场景是不是都能落地并逐步按正确的智能制造方向前行？

如果这些问题都没有解决好，临时的应对措施是否到位？另外还需要审视智能制造的理念是否清晰，方向是否正确，智能制造的技术能否得到积累和沉淀。这几个问题不先考虑清楚，往往就会形成且做且看，等到新技术进一步成熟的时候重新再做一遍"智能制造"的尴尬局面。

如果原有信息化和自动化的改造、原有网络的改造、新一代信息技术的应用与推广等问题都合理解决了，是不是智能制造蓝图就没问题了？图 5-3 的规划，侧重点在大数据实现的部分，其他与智能相关的部分，还是"混合"在原有五层架构之内。从图中可以看到，要做的内容着实不少，但离智能制造还有很大的差距，智能制造的规划肯定不能仅侧重在大数据这一层面，也不仅仅是在五层架构下的概念替换和智能制造项目，还需要进一步融会贯通和创新突破。

本章小结

一个企业即使在智能制造这一主题上规划了"工业互联网平台"、5G、大数据、机器人、人工智能等应用，但关键的部分没有数据量级的连通，主体部分仍然是信息化项目内容，智能制造的整体效果并不能完全体现出来，离智能制造的目标要求仍然相距甚远（需要说明的是，这里的"工业互联网平台"并不是美国提出的"工业互联网"战略，仅借用"工业互联网"战略概念搭的初步商业化应用平台）。

能够破开两化融合推进过程中形成的五层架构，智能制造工作就已经迈开了走向成功的关键一步。很多企业难的并不是破不开信息系统的五层架构，而是破不开五层架构的惯有思维。

第六章　把智能制造车间当智能制造工厂做

[?]　智能制造车间和智能制造工厂，都是智能制造的具体落地，智能制造工厂更接近于整体的智能制造解决方案，但在某些方面又都存在着一定的欠缺。我们先了解一下智能制造车间和智能制造工厂一般都有哪些特点？

第一节　智能制造车间的主要特点

一、智能设备（装备）的广泛应用

智能车间广泛采用自动化程度、智能化程度较高的设备，至少是自动化设备，最好是带有智能模型、智能算法的智能设备，具有一定的智能化程度。机器人，特别是智能机器人也属于先进工艺装备的一部分。这些自动化、智能化设备围绕先进工艺进行合理布局，产生 1+1 大于 2 的效应，凸显智能设备应用的效果。

智能设备除了直接应用于生产的设备，为保证生产的正常高效运行而进行的试验、检测及其他辅助性的自动化、智能化设备，也是先进工艺的一部分。

同时，这些自动化、智能化的试验、检测、辅助设备，与主体生产线的自动化、智能化设备能够联动并互通信息，这样才有整体车间智能的体现。如果这些设备还靠人工通信和协同工作，车间智能化就大打折扣，整体生产效率、产品质量等关键生产指标会因为人为因素而受到极大的影响，所以设备的互联互通以及互相之间的智能化协同就显得非常重要。

二、设备（装备）的联网

自动化、智能化设备为联网的主要设备，通过联网实现数据采集，并通过联网实现关键设备的远程控制和运维。同时，一些非主要的自动化、智能化设备也应尽可能实现联网，采集相关的信号和信息，供智能车间的分析和利用，如特定区域的温度、湿度、震动、图像等必要的监控点。

通过感温电缆、感烟探测器、温湿度计、一氧化碳报警仪、氧气报警仪、天然气报警仪等有效环境自动检测仪器仪表采集并进行车间整体环境（热感、烟感、温度、湿度、视频、有害气体、粉尘等）的智能监测、调节和处理，也是联网的一部分，这些大部分与车间卫生、环保监控、自动报警等智能化应用相关，也有部分与工艺、产品质量等生产和产品分析、应用相关。

不管联网的是设备还是分散的监测点，这些最终都围绕智能车间实现智能的一体化应用这一主题为目的，实现信息的采集、传输、存储、分析、控制等互联互通和智能化协同。

这里的联网，可以理解为万物互联的一部分，其方式可以是现场总线、以太网、物联网、分布式控制系统等通信技术和控制系统。

智能化程度越高，联网的设备越多，则越能推进智能车间的实现。如果有智能机器人游离在网络之外，不能采集数据入网，也无法接受来自互联互通网络的指令，这样的智能机器人局限性是很大的，在整体智能上属于一个孤岛，在这一单点上智能化程度会受到很大的影响。如果这样的情况多了，智能车间就只能是点状的智能化应用。

三、车间作业智能调度

车间采用现场总线、以太网、物联网、分布式控制系统等方式实现物物相连，充分利用新一代信息技术手段，实时采集现场数据，实现对车间生产过程、作业任务、物料、设备、人员等车间生产资源的自动监测，保证信息流、实物流的实时同步。

车间具备完善的信息化系统，并将智能算法应用到车间作业调度，可以根据生产任务计划、工艺情况、物料情况、瓶颈生产线和瓶颈机组的状态等情况自动形成车间作业计划，实时调整并优化车间作业，实现车间作业的智能调度能力。

四、车间内部智能物流

通过应用智能算法创建智能仓储模型和智能配送模型，实现以配送和仓储为核心的车间内部智能物流，根据市场需要和生产现场实际情况，实现最优库存（可以是最小库存，也可能是合理库存）和高效配送。

生产现场按照生产计划组织生产，根据生产的实时情况，通过智能模型实现物料准时、定量、最优路径的精准配送，不在物料配送过程中产生延滞，同时也不产生物料的堆积。仓储以智能模型为基础，以智能算法实现最优出入库和倒垛操作。

通过互联互通，数据得到及时的传递和分析，以实现仓储和配送的可视化管理。立体仓库等智能装备可有效地提升关键物资的智能仓储和精准配送能力。

五、物料信息跟踪与追溯

车间内部智能物流广泛采用物联网技术，包括条形码、二维码、RFID等识别技术，实现对物料（包括原材料、在制品、半成品、产成品）流转的追踪，并通过互联互通的数据分析利用实现反向溯源。

在关键工序采用各类智能仪器仪表，视觉识别、机器学习等智能技术，实现在线智能质量检测、报警和诊断分析，所有物料均按可跟踪和追溯的最小单位进行物料基本信息、物料流转信息、生产实绩信息、质量等信息的采集、传输、分析和利用。

根据实际情况，运用云计算、大数据、移动互联网、物联网、人工智能等新一代技术实现产品远程运维、控制与分析，建立产品运维信息库，实现产品的全生命周期管理。

六、能源消耗智能管控

根据车间生产作业情况，所有涉及生产的水、电、气、煤、油等重点能源介质按管路、设备等最小单元进行计量，细化到各个用能设备，根据需求按毫秒、秒、分钟、小时等不同的频率进行采集，所有数据皆通过现场总线、以太网、物联网、分布式控制系统等方式，实现物物联网。通过对能耗数据的开发利用，对每个能耗数据皆设置报警区间，实时纠错报警，同时生产数据与能耗数据关联，指导能耗分析和调整优化。通过智能预测模型，实现生产过程中能源的智能调度和平衡，指导生产作业的能耗分析并实现进一步调整和优化。

七、安全生产

安全生产也是智能车间的一个重要提升指标。安全生产的含义不仅包括人身安全，也包含了设备安全、环境安全、信息安全等内容。通过广泛采用自动化、智能化程度高的新工艺、新装备，实现机器替人，替代人工操作，降低现场安全风险，消除事故隐患。

通过车间内部互联互通网络和人工智能在安全生产领域的广泛应用，建立隐患风险、应急预案知识库，及时发现违规行为和异常状态，实时进行报警并关联预案进行紧急处置，真正实现智能预警、联防联控。

通过设备智能运维实时监测设备稳定运行和设备故障的各项参数，建立知识库，通过智能算法预测并预防各类设备故障，提前进行设备预防性维护，减少意外设备停机时间，保证设备的安全稳定运行。

通过智能环境监测平台或相关应用，对固态废弃物、废水、废气等各类影响环境的有组织排放和无组织排放进行实时监控，结合生产现场的实时作业数据，对影响环境的因素进行预测预防，实现环境安全的智能化防控。

通过信息安全防护产品构建工业控制系统的信息安全防护工作，同时，加强信息安全意识宣贯教育及信息安全运维能力，做好系统防护和系统管理的安全。

八、经济效益

智能车间的一个显著特点应该在提质、增效、降本、增量、高效协同等方面有明显的提升，总体经济效益得到明显的提升。具体包括工人劳动强度得到大幅降低、工作环境明显改善、生产效率明显提升；不良品率显著降低、产品品控水平明显提高，其中高端质量的不断提升和精准质量的精细化控制水平都有明显提高；单位产品的综合能耗显著降低、能源利用效率明显提升；水资源的利用率明显提高、原材料的收得率得到明显提升、整体资源综合利用效率得到显著提升；绿色制造、安全生产能力有明显提升。

九、核心软件和核心装备自主可控

智能车间不仅在于积极应用仿真设计工具软件、工业控制系统软件、生产制造管理软件等工业软件，高档数控机床与工业机器人、智能传感与控制装备、智能物流与仓储装备、智能检测与装配等装备，核心还在于自主可控。

自主可控的最低要求，是核心软件、关键装备的国产化，在国内环境没有被"卡脖子"的后顾之忧；高一层的要求，是可以自主运维，不受其他公司"卡脖子"；再高一层，就是要有自主知识产权，可以实现自主升级换代。

十、车间与车间外部联动协同

车间与车间外部信息系统实现互联互通和联动协调，实现 L1（基础自动化）、L2（过程控制系统）、L3（MES 系统）、L4（ERP 系统）各系统之间信息的互联互通，进一步利用 5G、物联网、大数据等新一代信息技术，结合现场总线、以太网和 OPC、TCP/IP、UDP 等协议，实现数据的上通下达，在数据中台基础上形成各种分析和智能化应用，以达到车间内外管控一体化的目的。

第二节　智能制造工厂的主要特点

智能制造工厂对内要能满足产品、产线、研发、设备、安全、能源环保等智能计划、智能调度、智能跟踪、智能监督、智能控制等精益管理要求，对外要能满足市场、客户要求，依存"供应-产品、产品-产线、市场-客户"上下游供应链的同时，具备敏捷服务的智能化应用和分析决策。

在这个过程中，不可避免需要引入与智能制造相关的新技术、新工艺、新装备，采用智能设备系统、生产过程模拟、生产流程数据可视、生产信息高度集控与采集、基于大数据系统的数据挖掘、分析、追溯及预警等手段对工厂原有产线、信息系统、上下游供应链的应用进行智能化提升。

智能制造工厂与智能制造车间首先同样有智能设备（装备）的广泛应用、设备（装备）的联网、车间作业智能调度、车间内部智能物流、物料信息跟踪与追溯、能源消耗智能管控、安全生产、经济效益、核心软件和核心装备自主可控、车间与车间外部联动协同等基本的各项智能制造改造、提升和应用，其次还应该有研发、运营管理、运维服务等层面的智能化管理和应用，另外还能广泛利用工业互联网平台、云平台、大数据、区块链、人工智能等新兴的信息化技术，将智能制造的触角前向延伸到供应商、后向延伸到最终客户，并与企业的产、供、销、研、学、用有机地结合起来，打破原有的多层级、多角度、多应用思维，形成智能制造体系下的泛层级、泛角度、泛应用新理念，实现一体化的智能制造体系。

下面阐述一下研发、运营管理、运维服务等层面的智能化管理和应用，以及工业互联网平台、云平台、大数据、区块链、人工智能等新一代的信息化技术大致都有哪些要素。

一、智能制造工厂研发与设计的要素

智能制造工厂通过数字化、智能化改造，采集、存储生产实绩数据、绩效数据和工艺、检化验、产品等多维度的数据，建立相应的数据开发利用系统，实现对产品的智能研发辅助、产品设计、工艺仿真与优化以及物理检测、试验方法的数字化模拟与验证优化，以此提升新产品竞争力，缩短开发周期，提高、精细管控产品质量，降低生产成本，实现对市场的敏捷响应与产品性能成本比最优的竞争优势。

制造类相关企业一般有两类比较典型的企业，一类是离散型制造企业，另一类是流程型制造企业。

离散型制造企业更注重于应用数字化三维设计与工艺设计软件进行产品、工艺设计与仿真，并通过数字化虚拟、实际检测、实验等方式进行实际数据的采集、对比、验证，并进一步对设计、仿真及验证手段进行优化。这类企业产品数据管理系统（PDM）比较成熟，对产品的研发、设计、工艺、集成、管理等方面要求较高，信息化软件发展较早、使用较广、成功的经验也多。

流程型制造企业这方面相对弱一点，更多地利用各种数字化软件进行分析和预测，辅助产品性能、产品工艺的研发，一般三维数字仿真应用比较少，数字化模拟仿真涉及的面不够离散型制造企业广，更多还在点的应用。而且由于流程比较长、生产比较复杂，数字化模拟的难度也大，效果没有离散型制造企业好，有成功应用案例的数字化软件相对较少。

二、智能制造工厂的运营管理

以企业资源计划（ERP）为中心，建立客户关系管理系统（CRM）、高级计划与排产系统（APS）、产品全生命周期管理系统（PLM），实现内部生产、质量、设备、人员、能源、仓库数据的采集、传输、存储、共享，用户端到端的服务体验（包括在线客服），并通过数据的智能化关联与利用开发，拓展企业上下游供应链，围绕企业的核心应用系统，实现从原料供应、合同订单、制造控制、物料平衡、预测预警、结果分析等智能应用与决策分析，提升内、外部整体智能协同的核心竞争能力。

离散型制造企业偏重于关心零件数量、质量的供应和组装的质量、效率，以及最终产品的性能、质量。这类企业原材料数量明确、质量经过品控相对稳定，仓储管理、制造过程跟踪的数字化应用较早，从原材料供应到生产作业安排再到产品制造、产品全生命周期管理、下游客户服务等整个上下游供应链的数字化实现相对容易，对企业也更有直接的利益促进，在这样基础上进行智能化提升有一定的基础。

流程型企业的生产制造过程一般都伴随着化学、物理形状的变化，通过最终产成品很难一眼看出原料的来源与数量。这类企业对原材料的采购管理、品质管理，保证原材料的性能稳定方面更困难，中间物料的流转跟踪、仓储管理更复杂，生产计划到制造的衔接难度更大，原材料供应链上游供应商和下游客户的紧密程度更为松散，仿照离散型企业的数字化难度大，对解决流程型制造企业从原料到产品再到最终客户整个链条上的问题帮助相对更弱，提升智能化、推进智能制造工作需要从更多角度着手。

三、智能制造工厂的运维服务

在信息安全的前提下，通过数据采集、通信、边缘计算分析和远程控制，实现对生产制造现场的核心智能装备进行远程运维。

利用工业互联互通网络采集和上传产品（设备）状态、作业操作命令和作业状态、作业周围环境等数据，建立产品（设备）远程运维服务平台，通过对数据的智能化分析，实现对产品（设备）的在线检测、预防性维护、故障预警、诊断修复、运行优化等远程运维服务，为产品（设备）的远程诊断提供智能决策支持，并向用户提供日常运行维护和紧急故障修复的解决方案。

离散型制造企业的产品（设备）可能会有更多的远程运维服务需求，也容易针对产品（设备）的不同性能、用途，利用互联网对产品（设备）进行远程的状态、作业、环境等数据智能化分析，以此为基础实现产品（设备）的远程服务。

离散型制造企业生产的产品（设备）有些本身就带有智能软件，通过自带的智能软件，实现部分智能化应用，称为智能产品（设备）。这些智能产品（设备）更易于通过互联网（或泛在网）进行数据的通信交互与分析，更易于远程智能化运维服务的实现和提升。

对于生产制造现场核心智能装备的远程运维服务，离散型制造企业也更具有一定的优势。最明显的就是离散型制造企业遇到故障可以通过"拉灯"停线。离散型制造企业"拉灯"停线只影响一条流水线的局部区域，而流程型生产企业"拉灯"则容易造成整个生产线的物料滞留，影响生产节奏、打乱原有生产计划，产生严重影响。所以流程型制造企业宁愿让有问题的产品在下一道工序进行抢救性补救或者干脆报废，也很少用"拉灯"停线的方式作为严控品质、消除故障的手段。

四、工业互联网平台、云平台、大数据、区块链、人工智能等新一代信息技术在智能制造工厂的应用

新一代信息技术对智能制造工厂建设有非常重要的作用，在智能制造工厂中应用案例很多，是智能制造工厂建设水平极具标志性的要素，其中云平台、大数据、人工智能已经在前面介绍过，重点是要与工业应用相结合，从技术层面来讲都类似，在应用场景和实践上需要针对工业应用进行因地制宜的融合。下面重点就工业互联网平台和区块链做一下介绍。

（一）工业互联网平台

2012 年 11 月 26 日，美国通用电气公司（简称"GE"）发布由 Peter C. Evans 与 Marco Annunziata 撰写的白皮书《工业互联网：打破智慧与机器的边界》，提出了"工业互联网"的概念。

工业互联网概念提出后，美国通用电气公司、美国电话电报公司、思科系统公司、IBM、英特尔等公司成立了工业互联网联盟并进行推广。由于是企业率先发起并推广的，所以工业互联网与企业的实际发展需求密切关联，是企业为发展而主动发生的内在动力。

工业互联网的技术基础是信息物理融合，是基于美国先进的互联网基础上的进一步创新发展，基于物联网、互联网，利用云计算、大数据、人工智能、边缘计算等新技术将人、数据、机器连接起来，实现人、机器、材料、产品、系统的虚拟和现实的融合重构，形成强大的生产力。

工业互联网的最终形态是将企业的生产制造能力作为互联网上的一个虚拟单

元，成为互联网共享资源的一部分。这类似本书前述的把企业整体打包成整体解决方案，实现对外输出，其中的一个能力是将繁杂的生产制造抽象简化成互联网金融上的一个商品，作为互联网上的一个节点，进行透明公开的"商品买卖"交易。

美国推出的工业互联网作为一个有特殊意义的概念，与德国"工业 4.0"、我国的智能制造，在内涵上是高度一致的，在实施上是异曲同工的，且在最终目标上也是殊途同归的。所以工业互联网是新一代信息技术这个说法本身是有问题的，只能说具备初步商业应用的工业互联网平台，会用到很多新一代的信息技术，是一个融合众多新一代信息技术应用的平台架构。

工业互联网平台是个筐，没有这个筐，各个应用只能散乱地东一块西一块堆砌，没有整体性、统一性。通过工业互联网平台这一载体，把原来散乱的系统，从底层硬件服务器、存储、网络虚拟化到各类资源服务、平台服务、应用服务形成一个有机的整体，通过深入到端（人、设备、系统）的网络连接，完成数据采集和边缘计算，结合大数据技术构建成一体化的平台系统，最终向智能制造这一终极目标不断前进。

工业互联网平台体系一般会包括边缘层、IaaS、PaaS 和 SaaS 四个层级，与之前讨论的云架构有很多类似之处（见图 6-1）。事实上，工业互联网平台会融合云计算、大数据、移动互联网、物联网、人工智能、视觉智能、生物识别等最新的信息技术，通过云—边—端的方式，一方面将生产装备、传感器、控制系统与管理系统等进行互联，实现数据的采集、流转和处理；另一方面通过企业内、外部网络的互联，实现企业内部业务和外部业务的协同。最终将人、设备、系统（数据）虚拟和现实进行有机协同，实现数据的集成、分析和挖掘，支撑智能化生产、个性化定制、网络化协同、服务化延伸等各种能力。

大部分的工业互联网平台可以简化为如图 6-1 所示，有智能设备、PLC 等物的数据采集和上传，有人的参与（通过各种应用系统、平台服务以及 SaaS 服务），有基础设施服务，有大数据应用，有智能算法和人工智能的应用，还有互联互通的泛在网。这样的平台架构包含了智能装备（设备）、工业大数据、人机连接三大核心元素，如果打通了关键环节，就是真正地往工业互联网概念的方向发展了，如果只是单个应用的实现和堆砌，说穿了还是脱不开信息系统架构思维的窠臼，其本质仍然是信息化，方向不对，做得再多都没用。

打通关键环节，不仅仅单指一个个技术难题的环节，首要的还是架构思想、发展方向的环节。

打通关键环节，还在于避重就轻。智能制造不会一蹴而就，很多新一代信息技术的应用不会信手拈来，先做什么后做什么、重点做什么弱化什么都要有取舍，不取不立，不舍不得。

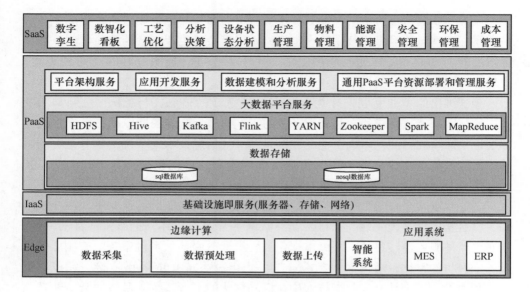

图 6-1　工业互联网平台

需要补充说明的一点，不管工业互联网平台还是云计算所述的 IaaS、PaaS、SaaS，最核心的都是服务，如果离了服务，就不能称为 IaaS、PaaS、SaaS。

什么是服务？通俗点理解，基础设施即服务（IaaS），就是按用户需求划出一部分基础设施，包括计算资源、存储资源、网络资源等给用户，用户通过一个授权（可以是账号、密码，也可以是其他形式）就能使用这些资源，而不需要再从计算服务器、网络设备、存储设备一步步集成和架构；平台即服务（PaaS），主要指操作系统、开发工具等，现在也有把基础的算法、数据中台作为平台服务的，同样也是按用户需要，通过授权让用户快速拥有平台类资源应用的能力；软件即服务（SaaS），不再是定制开发，按需求授权即可应用。通过授权，能快速实现从基础设施、平台到软件的应用。

服务是有价值的，服务可以收费，自然可以买卖。同时，通过"服务"后台，能对提供的服务进行统一管理和监控，合理平衡和调配对应的资源，发展高度集成和智能化的统一运维等增值服务。从这一点上看工业互联网平台和云计算，才是本质上与原有传统信息化体系架构不同和跃升的地方。

这几个服务也是解决本书上篇第三章"做好信息化要紧抓七'快'"中所述信息化先天之"慢"的理想解决方案，但目前仅仅还处在起步阶段。

（二）区块链

区块链，很多人可能不一定很清楚，但说到比特币，不少人，特别是年轻人都耳熟能详。比特币是区块链的一个应用，而且是最成功、应用范围最广的一个。比特币本质上是基于互联网的去中心化账本，它是基于区块链技术实现的一种电子加密货币。比特币的诞生，是建立在区块链技术基础之上的，甚至可以说为了创造比特币，创造了区块链技术。所以区块链最开始是为比特币而生的，随后才有了逐步广泛的应用。比特币主要靠奖励机制、竞争机制和去中心化的分布式账本的设计，让参与其中者都能很好地理解区块、分布式、POW 共识机制和信用机器的意义。从这一点上来说，比特币的应用推动了区块链技术的飞速发展和推广。

区块链，顾名思义是由一个个区块组成了链。相对于传统的块存储、文件存储、对象存储结构，区块链是一种链状数据结构。大部分区块链结构都有块头和块身两个部分。块头相当于是一个指针，用于链接到前面的块，同时也为区块链提供完整性的设计。块身一般包含经过验证的有实际价值的记录。

区块链通过时间戳来保证区块和区块之间按顺序依次相连，使区块链上每一笔数据都具有时间标记，形成区块链条，实现数据的实时可追溯，结合哈希算法、加密算法、分布式、POW 共识机制等技术手段体现区块链去中心化、匿名性、公开透明、内容不可篡改、信息可追溯、成本低等优势。

区块链伴随着比特币诞生，其核心是通过点对点技术的分布式记账方式实现去中心化，理论上没有信息处理中心、没有官方管理特权，每一个参与的节点都是平等的。"记账"信息的确认和新区块的产生可以通过智能合约自动执行，由一定数量的节点同时进行"记账"备书（区块链的共识机制），保证了去中心化的技术实现。

区块链的匿名性指的是对用户身份信息实现匿名，特别是在数字货币领域，交易过程很少或根本不涉及用户信息，以此保证用户身份信息的不可追溯。

区块链的公开透明，指区块链存储的信息都是对所有节点公开的，每个节点都能读取里面的信息，但不能修改。

区块链的加密算法，实现了区块链的公开透明，加上时间戳的应用，使区块链具有不可篡改的特性。

区块链根据不同的应用，实现不同范围的联通性，最大可以实现全球的联通，所以联通性是区块链的一个附带特性。

按参与对象的不同来分类，区块链可以分为公有链、私有链和联盟链。公有链依赖激励机制存在，比特币就是最具代表性的公有链，是真正去中心化的区块链；私有链指权限由某个组织或机构控制的区块链，参与节点的资格会被严格限制，主要是提供安全、可追溯、不可篡改、自动执行的平台；联盟链是盟友间公用的区块链，通过联盟链可以不用耗费很多资源，就能解决了公有链交易处理速度过慢的问题，而且通过开放认证的方式允许新会员加入，也可以不断将队伍壮大。

按链与链的关系来分类，区块链可以分为主链和侧链。相对于主链而言只要符合"侧链协议"的区块链，都可以成为侧链。信息的处理在侧链上进行，就算发生威胁，也不会影响主链安全。

区块链随着比特币的火爆而成为炙手可热的新一代信息技术，其应用已经遍布加密数字货币、开发平台、金融、游戏、社交等众多领域，实现了很多不同的应用场景，但区块链繁荣的背后，有着很多不容忽视的问题，导致区块链热而不火、用而不实，主要表现在以下几个方面：

第一，区块链的公开透明性，也正是它的一个缺陷：缺乏对交易隐私的保护。区块链虽然对用户信息来说是可以匿名的，但交易信息是公开透明的，这就导致有些不适合公开的交易信息被公开了，哪怕没有用户信息，也会让用户的利益受到损害，特别是公有链和联盟链的应用，这样的情况尤为突出。

第二，区块链去中心化的特性，导致区块链的多副本保存，单位信息的存储成本巨大，这也限制了它在某些应用方向的发展：至少在数据存储量方面存在一定的局限性。

第三，区块链通过解答哈希难题来有效防止交易记录被操控，导致了处理速度和I/O（数据吞吐量）受到一定的限制。同第二点结合起来分析，要把区块链技术应用到数据库的想法就显得有些过于乐观了。

第四，隐藏的中心化属性。这一点其实也不难理解，通过对区块链的特性分析可以得知，区块链中心化特性的外衣下隐藏着算力垄断的问题。一方面，如果某一区块链应用的算力被垄断，理论上是可以破解去中心化这一特性的；另一方面，隐蔽的"官方"控制在所难免，包括留有后门程序等方法，特别是在联盟链和私有链中更有这方面的潜在需求。例如，以太坊官方曾经通过软分叉的方式，锁定黑客账号，限制黑客账号进行交易。

第五，安全性问题。虽然说区块链的信息可追溯、内容不可篡改，但这也并不是绝对的。以比特币为例，比特币收买矿工的成本非常高，为保证自身利益，即使超过50%的算力，威胁也并不大，但也发生过硬分叉的事件，其他区块链会不会同样存在类似的问题呢？

比特币被盗过、以太坊被盗过，经历了这些事件，谁又能保证区块链的真正安全？事实上去中心化防黑客的成本会更高。

基于以上分析，想要通过区块链技术实现基于共享账本、智能合约、机器共识、权限隐私等技术优势，在工业制造各环节中推动数据共享、协同创新、柔性监管，加速重构现有的业务逻辑和商业模式是真正任重而道远的工作。

第三节　智能车间当智能工厂做关键还是思路问题

[?]　智能车间、智能工厂傻傻分不清？从浅处着眼怎么看？

通过前面描述，我们大致了解了智能制造车间和智能制造工厂相对明显的特点。智能制造车间和智能制造工厂目前还只是在刚起步的初级阶段，不可避免存在一些欠缺，主要问题在于过分关注新一代信息技术的应用、单点或局部的机器替人和人工智能应用，而有些应用都达不到预期的标准要求，过分包装而没有实际效果。

当然，积极推进智能制造车间和智能制造工厂的建设是非常有必要的，积极应用新一代信息技术、机器替人、人工智能也是很有意义的，但过分的、不切实际的推进和应用就值得商榷了。

怎么区分积极与过分的界限？

第一方面，看推进应用产生的效益。很多智能制造车间、智能制造工厂通过智能制造新技术产生的效益并不显著，企业仅通过整体效益的提升进行模糊的对标比较。这里主要有具体效益无法精确划分的困难，也有为了包装需要夸大其词的。有些投入的装备（设备）甚至因为达不到生产现场的实际使用要求，半停半开或者干脆弃之不用，又回到人工操控的状态。

第二方面，看智能制造车间和智能制造工厂应用的智能制造新技术是为了智能制造一窝蜂挤着上的，还是经过深思熟虑，根据企业的实际情况，充分认证和评估过的。应用后的运行维护、持续发展是不是已经规划好，对企业核心竞争力的技术、管理等各方面的积累和沉淀是否有充分的认识和准备。

第三方面，看智能制造车间和智能制造工厂在智能制造工作过程中，是否有一体化的规划设计理念，新技术、新装备在应用过程中，是按照一体化的规划设计按部就班投入应用的，还是各自为政做到哪里算哪里。一体化的规划设计理念包含了哪些？仅仅是宏观层面的画画框、划划架，还是涉及业务流程、管理、技术等与智能制造关联密切的方方面面，把智能制造的主题旋律在规划设计中体现并按正确的方向不停地往上架构。

把智能制造车间当智能制造工厂做，实际意义并不在于该按智能制造车间做合理还是该按智能制造工厂做合理，而是应该根据企业的实际情况和智能制造规划，站好自己的定位，做好自己的模块，上合智能制造一体化规划要求，左右协同按智能制造一体化规划要求实施，往下设计同样以智能制造一体化规划为准绳。

有些智能制造车间，实际上只是一个完整生产流程中的一个大工序而已，如果不按智能制造一体化规划要求做，把自己当智能工厂来做，就会成为又一个类似五层架构中某一个信息化应用一样，用无形的围墙围起来的"智能制造"应用"小天地"，又多了一个可以各自固守的"领地"，一点都没有脱开原信息系统五层架构的思维桎梏，这样做不好真正意义上的智能制造。

这一点其实不管智能制造车间，还是智能制造工厂，即便是完整的智能制造企业，只要做出可以固守的智能制造应用"领地"，没有真正的智能制造一体化思维，这个企业的智能制造先天就已经长歪了。

本章小结

在智能制造车间和智能制造工厂推进过程中，有些企业甚至连工业互联网平台也按各自业务领域来规划设计和实施，还形成了网络方面的"围墙"，完全没有考虑整体智能制造的推进需要，各做各块，顶层欠缺，这样的应用实际上还没入"智能制造"的"门"，仅仅作为门外汉在凑热闹。

第七章 热衷新技术的单点应用

[?] 热衷新技术的"单点"应用不好吗？ 有哪些单点应用比较有代表性？从浅处着眼又怎么看？

新一代信息技术有很多，有些已经在某些行业找到很好的应用场景落地，有些还在特定的行业探索落地的应用。新一代信息技术到底能不能单点应用？当然可以。如果应用场景就是单点的，实现既定目标完成应用是正途。但智能制造蒙着头做单点应用，充其量也就是多了一点信息技术的应用场景，离真正的智能制造相差甚远。前面也说过了，单个单点的应用场景多了，反而会产生新的围墙，所以新技术能实现单个应用场景的落地固然好，但智能制造最核心的灵魂，还是在智能协同方面。智能制造在协同方面如果有人为干预或存在瓶颈，单个场景的应用再好，也达不到"第二次直立行走"的高度。

就当前智能制造的发展状况而言，很多企业觉得能实现单一的新一代信息技术的场景应用就很不错了，以至于模仿信息化应用软件的做法，不停地做单个的新一代信息技术的场景应用，不管规划还是实施，统统只是画个框，把现有的、还没有的全部罗列出来，拼凑、组合、包装成智能制造规划和智能制造项目。有些单个的新一代信息技术场景的应用本身还在探索、尝试过程中，这样罗列堆砌起来，实际意义不大，很多应用案例走到最后才发现不好用。

第一节 智能装备与 5G 的单点应用

[?] 典型的单点应用有哪些呢？ 智能装备与 5G 能不能"单点应用"？

各行各业都有应用的亮点，单个可做的新一代信息技术应用场景太多了，但除非本来只需要单点应用就能满足企业业务，否则应用间的互联和集成会是一个需要深入研究的课题，忽视了这个方面，应用效果会大打折扣。很多常见的智能装备（设备）、5G 应用、大数据等都存在单点场景应用的情况。

智能装备（设备）的单点应用很普遍，常见的智能装备（设备）包含各类智能生产线设备、智能库场装备、智能行车、自动喷印装备、自动打包设备、各类智能机器人等。

这些智能装备（设备），有些和信息化系统一样开发了应用，譬如智能库场装备系统等；有些就作为单个岗位的单点应用，甚至都不跟其他系统进行互通，譬如有些工业智能机器人，仅仅替代了岗位，信息不与外部相通，在这个点上失去了信息的上传下达，丢了这个点位的状态监控与分析，整体的智能控制也无从谈起。

　　智能装备（设备）的单点应用，主要存在分析结果不能及时有效地跨系统实现智能化应用，其最根本问题归根结底还是没有一个智能制造的总体发展规划思路。

　　5G 应用寻求单点应用的情况比较明显，毕竟 5G 只是通信传输中的一环，用于不适合固定通信传输的场景，即使有 5G 参与，用于固定通信的光缆传输也必不可少。5G 参与的传输，可以是两端都用 5G，中间用光缆，也可以是一端 5G 传输，另一端光缆传输，中间还是通过光缆通信，见图 7-1。

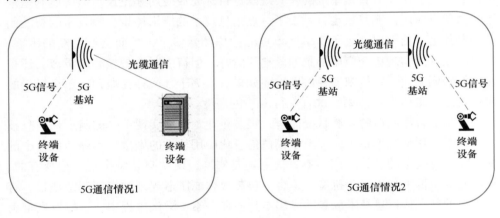

图 7-1　两种常见的 5G 通信方式

　　5G 通信的优势在于高安全性、低延时、高速率、大范围可自由移动等特点，但 5G 相对于 wifi 来说，建设成本高、使用成本高、维护技术要求高。在智能制造应用场景中，一般企业范围内需要大范围移动的场景不是很多，车间与车间都有光缆构建的企业局域网，如果 wifi 的安全性、低延时、高速率指标能满足要求，5G 专网建设在企业就不是很合适。特别是通信故障的维护，一般企业没有足够的能力对 5G 专网故障进行抢修维护，需要依靠通信公司的维护技术力量来保障，这对现生产是非常不利的。如果现生产对通信故障的恢复要求不是很高，这样的应用场景，也未必需要用到 5G。

　　如果用 5G 公网则还需要考虑公网到内部局域网的一系列安全问题，这类情况对很多企业来说也比较头痛。

　　正是在这样的情况下，很多企业虽然建了 5G 专网，有了 5G 应用案例，但也仅仅是应用案例的需要，单点应用情况较多，很少有后续的全面推广应用。

第二节　大数据的单点应用

[?]　有没有听说过大数据也能"单点应用"？

单点应用还有个普遍的情况是大数据平台的应用。对于这一点，很多企业会比较惊讶，甚至不可置信：大数据应用的基础就是互联互通，大数据单点应用就有点不可思议了。下面就通过简单的大数据规划和实施要点，对照大数据单点应用案例，了解因此产生的问题。

一、大数据规划

大数据规划要紧紧围绕企业的发展战略进行。企业的发展战略有激进的、有保守的，有进攻型的、有防守型的。企业战略不同，大数据规划不可能一成不变。根据企业发展战略的不同，制定适合企业自身的大数据规划非常重要，特别是针对战略侧重点，有意识地规划大数据的研究和应用方向尤其重要。

企业的发展战略一般都会对国际、国内的经济形势、行业现状、政策制度进行分析，大数据规划也要关注来自这些方面的影响和未来的发展趋势。

除此之外，作为新一代信息技术的一个重要应用（或者说研究方向），企业在规划大数据的时候也要熟悉大数据在国际、国内同行之间的应用情况，了解已有的应用案例，为企业大数据技术方向打好基础。

大数据的应用同时也涉及工业互联网平台、云计算、移动互联网、物联网、人工智能、5G 等各种新一代信息技术的应用，在规划大数据的同时如果能预先考虑到这些技术的取舍，将对后续的大数据建设工作更为有利。

大数据规划要定义好企业大数据发展所承担的责任，是为研究某类课题还是为实现某类应用为主，明确大数据应用（研究）的数据性质、数据来源，进一步梳理大数据应用（研究）的业务需求，对短中期以及长期目标做出合理规划。在此基础上，对大数据平台的计算资源需求、存储资源需求、数据采集需求、数据管理规范需求进行合理的规划。业务需求是最核心的，只有明确了业务需求，才有可能围绕业务需求对其他几类需求进行规划落实，否则一切都是空谈，就算规划做得再好，也仅仅是走一步看一步的状况。

每家企业情况都不一样，根据企业实际情况和短、中、长期的业务需求进行大数据规划的路径、方法、重点都不同。根据大数据应用的难易程度和企业实际情况，简单举一个大数据规划的例子。

该企业做过总经理部查询系统、管理驾驶舱、数字化看板等 BI 和大数据平台分析系统，但都是局部应用，没有全局贯通：从业务层面的需求来看，确实也提不出明确的需求；工艺流程较长，涉及产品产量、质量、成本等工艺方面的分析改进较困难；技术研发缺少信息化、智能化的手段。

基于该企业的情况，可以从分析决策、工艺改进、智能化研发、智能制造层面的及时反馈与控制四个层面逐步开展工作。

（一）分析决策——短期规划

虽然业务没有明确需求，但仍需规划构建物料、合同、库存、成本、客户等主题的数据模型，将大数据分析应用于明细产品标准成本、盈利能力分析和数智化运营管理等具体分析决策。

具体的业务需求需要引导，等是很难等到想要的业务需求的，原因很简单：大部分懂业务的对信息化的技术实现不是很了解，很难从业务角度提出具有信息化思维的需求，即使有需求也存在与当前信息技术脱钩，不容易实现的问题。久而久之，业务在这方面的信心就不足，关注就会减弱。

（二）工艺改进——中期规划

通过架构公司层面的大数据平台，联通各工序工艺数据，由工艺人员制定大数据应用课题，利用大数据分析结果推进与产品产量、质量、成本等相关主题的企业生产工艺的改进。

这一主题的实现，需要在第一步分析决策的基础上进行，没有第一步的成功应用基础，工艺改进的大数据应用（或者研究）更不易实现。

（三）智能化研发——中期规划

企业通过大数据分析实现对新产品的智能化研发。从中、长期发展角度看，通过大数据平台的应用，可以为后续智能化研发的创新突破积累大数据的经验，最终完成大数据智能研发应用的架构和技术实现。

这一主题的大数据应用与研究，应该跟工艺改进的大数据应用研究同步进行、交叉互动、互相借鉴促进、共同逐步深入发展。

（四）智能制造应用——长期规划

通过大数据与智能化结合，实时了解设备状态、物料情况、生产节奏等现场情况，及时通过大数据智能化分析实现反馈与控制，真正做到少人化、无人化的智能制造应用。

这一应用已经不仅仅局限于大数据的规划应用（研究），而是将大数据的规划应用（研究）与智能制造的规划应用（研究）结合起来，最终实现智能制造。

虽然这一主题没有提到前述短、中期的规划内容，但实际上是包含在里面并进一步提升的。智能制造的主体局限在生产本身是狭隘的，广义的智能制造包含了目前制造涉及的所有业务，包括了产、供、销、研、上下游供应链等各项智造内涵。

大数据应用不是总经理部查询系统、管理驾驶舱或者披着大数据应用外衣摇身一变的数字化看板等报表分析和图文展示这么简单，也不是站在 ERP 的思维角度，收各类数据就能做好的。企业大数据在规划的时候，就要有云—边—端的整体架构思维，当然也可以是简化的中（中台）—边—端的整体架构。

云—边—端指云计算（回顾一下典型的云计算的架构：IaaS，基础设施即服务；PaaS，平台即服务；SaaS，软件即服务）、边缘计算（边缘侧结合机理模型、推理机及机器学习等技术，从机理、专家经验及数据挖掘分析多维度进行解析和优化）和终端设备接入（在设备端通过工业传感器和物联网等技术保障数据互联与动态感知）。

云—边—端的云一般指公有云，企业内部整体架构并不是没有公有云就无法实现，私有云也一样可以。根据每个企业应用的实际情况，没有私有云架构同样也能进行大数据应用，中—边—端的整体架构思维就是这种情况下产生的。

大数据的应用从来就不是单纯的技术问题，不管业务需求还是分析决策、工艺改进、智能化研发、智能制造应用，以及云—边—端（中—边—端）的规划与实施，都与企业的组织架构、业务流程、运营管理等方方面面关联紧密，在进行大数据规划的同时，组织、资源、机制的保障同样不可或缺。

组织、资源、机制的规划内容面广量大，可以包括组织架构、岗位职责、资金人才、各类项目和工作的管理方法、数据管理办法等，也可以包括以创新应用为导向的数据治理，如建立数据标准化整体架构和初期核心数据的标准化，逐步拓展数据治理路径等，同时也可以有平台、创新应用等方面的规划，其短、中、长期规划又各有侧重点。组织、资源、机制的具体规划内容和细节需要根据情况实时调整，以满足大数据应用的要求，其重点在于跳出大数据规划来看规划，囿于大数据恰恰是做不好大数据的一个重要原因。

二、大数据实施

大数据实施首要考虑整体范围及内容，再考虑大数据平台技术，然后进行数据管理，最后具体实现取数、数据传输、数据存储、数据处理、数据分析等具体工作。

大数据的范围是指整个大数据的业务范围，紧紧围绕大数据实施的规划目标。根据范围不同，内容也各不同。例如，与设备实时监测及生产过程管控相关的，则通过产线监测、设备工况检查、数据量、数据通信监测等实时监测为基础，通过数据采集、数据传输、数据存储、数据处理形成数据仓库，通过图形图像分析、智能算法、监测预警等工具对数据进行标记、指标分析，实现设备、故障处理、成本、专家分析等各类业务分析。通过对数据的积累和智能算法的应用，逐步实现原有信息化手段无法满足的分析场景和应用。在底层以自学习、自感知、自适应为基础，在分析层面以自学习、自适应为主要的方法手段，不断提升大数据的应用效果。

如果大数据平台规划的范围与运营管理、决策分析相关的（作为流程型制造企业的大数据不适宜单独做这类应用），那么数据采集的对象就会转变为运营管理数据和指标、市场行情信息等与运营管理、决策分析主题相关的数据源。这样的应用同样需要对数据标记和分析、图形分析和在数据积累基础上的智能算法应用，以及自学习、自适应的人工智能应用。

明确了大数据的范围和内容，接下来需要确定大数据平台技术的框架。对数据分析的应用场景可以粗分为实时分析和事后分析两类，实时分析需要对数据进行实时处理，事后分析对应离线处理。当然理想状态是所有应用都能实现实时处理，这需要综合考虑业务需求、技术、成本等多方面的因素。

现在成熟的大数据框架有很多，主流的还是基于 Hadoop 的框架。Hadoop 是目前使用最广泛的大数据工具。它的优势很明显——基于普通计算机集群上的分布式计算，开源、具有良好的跨平台性，已形成巨大的良好的生态系统。当然，综合应用成本低是它最大的优势。

在 Hadoop 架构基础上，可以综合应用 Spark 等技术架构，从取数到分布式存储、消息处理、流式计算、批量计算，实现实时处理与离线处理的各种应用需求。简单地画一个技术应用架构示意图，如图 7-2 所示。

至于数据管理，从确定大数据范围和内容之前就应该开始，贯穿整个大数据应用的始终，包含了数据治理。数据治理是数据管理的一部分，同时数据管理和数据治理有很多内容又有交叉和重叠。

数据管理，从传统意义上讲经历了三个阶段：人工管理阶段、文件系统阶段、数据库系统阶段。每个阶段都是以减小数据冗余、增强数据独立性和方便操作数据为目的的。

大数据的数据管理超出了传统数据管理的概念，围绕大数据应用展开，与传统意义的数据管理不一样，但其目的同样是把数据管好，是传统数据管理的延续和发展，管理的方法有类似和相通的地方，只是考虑的广度和深度更复杂。接下来讲的数据管理，都是基于大数据应用为基础。

数据管理，首先要有数据管理的理念，然后要有目标，再要有管理体系，配以信息化技术，这样才具备基础的环境。当然，也仅仅是环境而已，做的效果如何，还需要看执行情况。

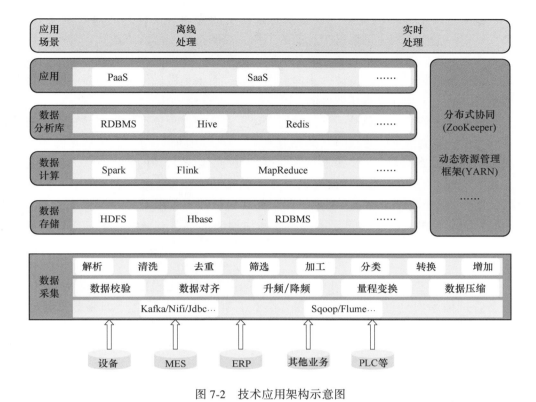

图 7-2 技术应用架构示意图

　　数据管理的理念，其本质是要从思想上认识到数据管理的重要性。这个重要性落实到文字上可以是长篇大论，但归根结底就是一个问题：为什么要做数据管理。如果是为了大数据而做、为了工业互联网平台而做，就有局限性；如果是为了智能制造而做，就有点大而不实。数据管理，最终目的是要规范数据，使之成体系，从基础上保证数据驱动的可行性。

　　数据管理工作做得好，就能够对各类数据实现系统性的自循环管理，形成类似人体血液一样的健康系统：每个人有独有的红细胞、白细胞、血小板、白蛋白、球蛋白、纤维蛋白原和各种酶类等，每一种成分都是有明确定义和功能划分，既能各司其职担好各自的责任，又能互相协作完成整个人体血液系统的平衡。例如，定义好并有明确功能划分的红细胞，是不会在同一个人体内存在多个型号的，否则就会直接导致整个人体的功能性问题；不同的人体红细胞不可能完全一样，但这不影响它共有的基本属性和基本功能。数据管理，就是要厘清一个组织的数据分类、定义和功能，让数据系统像人体血液系统一样充分发挥其该有的功能——不因数据问题导致整个数据驱动产生病态，以此不断促进数据驱动的功能性完善。

数据管理是以实现完整的、健康的数据功能为目标的，为此需要制定短、中、长期的工作计划，最终是个长期的工作，需要持续按部就班地执行与不断完善。数据管理的管理体系需要组织架构、人员角色、管理制度、流程等方面的保障，保证数据管理工作能持续、正向良性发展，而不是做做停停、做做丢丢、做做换换方向——这样是没法做好的。

根据上述分析可以总结一下：数据管理更多地侧重于管理，需要站在企业战略的角度，规划数据管理战略（数据管理长、中、短期目标），设置数据管理组织架构（包含数据管理的决策层、管理层、执行层以及具体的数据责任人以及各自的职责分工），明确数据管理对象（涉及数据的生产者、数据的拥有者、数据的使用者、数据的管理者），制定管理规范（包括但不仅限于对数据管理业务活动的管理、对相关责任人的管理和对数据治理的规范、对平台与架构的标准规范、对与数据安全相关的流程和风险管理的要求等），以此为基础形成企业的数据管理体系。

数据管理体系的优劣同时也是数据治理能做到什么程度的一个基础条件。数据管理体系设计得好，数据治理工作就能事半功倍，反之，如果数据管理体系问题很多或者根本就没有考虑过数据管理体系，那么数据治理充其量只能小打小闹，最好的结果是局部有应用，关键的时候就会遇到难以推进的情况。

数据治理，更多地侧重于工具方法和实际的技术实施，是数据管理的具体执行部分。有些论述为了避免与传统意义的数据管理概念相混淆，把数据管理的部分功能也纳入了数据治理的范畴，当然数据管理和数据治理确实很难泾渭分明地区分开。

数据治理包括但不仅限于元数据管理、主数据管理、数据质量管理、数据应用管理、数据安全、数据标准等内容，应通过大数据平台技术和工业互联网平台技术应用，实现对数据全生命周期的综合管理，充分挖掘数据创新驱动潜能，发挥大数据应用与众不同的价值。

下面对数据治理相关的几个名词作个简要的描述：

（1）元数据，是用来描述数据的数据，就跟图书馆的藏书分类、藏书目录有点类似，将各类数据都分好类做好定义，把数据都纳入统一高效的管理。元数据包括技术元数据（如表结构）、业务元数据（如业务规则）、管理元数据（如数据所有者）等类型。

（2）主数据，是员工信息、供应商信息、客户信息、设备信息等相对稳定的一类数据，也可以称为基准数据。与交易类数据（记录业务活动的数据）不同，这些数据可以作为全局数据共享使用，受企业认可，可以认为是企业资产的一部分。

（3）数据质量，通过各种措施，保证数据的真实可信，包括数据完整性、准确性、一致性和及时性。

（4）数据安全，保证数据存储、使用过程中的完整、准确和受控，可以按要求提供不同程度的查询、计算等服务。

（5）数据标准，为保证数据在企业内外部使用、交换过程中的准确性和一致性（没有二义性）而对数据进行的统一规范定义，也即确保数据含义清晰明确。

（6）数据全生命周期，包括了数据从产生、活动（数据采集、数据更新、数据传输、数据存储、数据处理、数据交换）到销毁的完整过程。

数据管理和数据治理密切相关，如数据资产（由企业或组织拥有或者控制的，能够带来未来经济利益的数据资源）管理也互相关联。这三者你中有我，我中有你，各自包含哪些主题并没有非常清晰的统一标准，互相之间还有很多重合交叉的部分，要站在全局考虑，相互借鉴、综合应用，不能人为割裂，形成两个或多个的单点主题应用，否则易导致产生新的应用壁垒和应用矛盾。从广义角度讲，数据管理就包含数据治理、数据资产管理等相关内容，总体出发点就是为大数据的技术、业务、管理提供各方面的标准与规范，以此助推大数据的良性应用和可持续发展。

理清了数据管理的基本脉络，就可以开始取数、数据传输、数据处理、数据分析等工作。根据离线处理和实时处理场景的不同，取数、数据传输、数据处理、数据分析等采用的技术也会有所不同。

取数，包含了数据采集和边缘计算。

首先，数据采集需要从业务层面确定采集的数据所在的场景、大类、小类和具体业务数据。场景，主要指所在地，譬如 ERP 数据库、MES 数据库，某大工序的原料场、生产作业区等；大类，可以是对场景的延伸描述，如操作数据、物料数据、原材料数据等；小类，是对大类的细化，如原材料数据中的检化验数据，物料数据中的水、电、风、气等；具体业务数据，则可以是制造某一个环节的时候所耗的水、电等。

其次，数据采集要明确采集数据的标本规范，例如，是取这一个业务数据的全部相关内容，还是有选择地选取其中一部分；是选择一个数据的原值，还是秒、分、时、日、周、月、季度、年等时间跨度的平均值。采集频率、采集的时间段分别对应了哪个点和哪个时间跨度。

另外，数据采集时要确定采集数据的应用场景要求，是离线处理的数据，还是实时处理的数据，以此为基础合理地进行数据采集以及后续数据传输、数据存储、数据处理、数据分析技术的选择。

在取数过程中，如果发现直接采集到的数据无法直接使用，还需要进行边缘计算。例如设备端某个实时信号，对信号的完整性、准确性、一致性、及时性通过数据校验、数据对齐、升频/降频、量程变换、数据压缩等多种方式进行数据预处理，保证该设备信号数据的真实可信和便于利用，在此基础上对该设备信号进行数据计算分析，如进出液体的温度、流量、黏性，通过 AI 模型自学习温差、流速、压力等正负偏差情况，完成某一标准的自学习、自感知和自适应，实现边缘端的实时反馈和数据采集的精准有效。

底层的数据采集，要能够满足多种采集协议的解析，并接入平台。数据采集包括数据的传输，必须考虑到数据采集过程中的通信程序的容错性能，在采集数据和下发数据过程中设置缓存功能，保证数据在上传下达过程中不会丢失、没有重复、及时可信。缓存应根据数据采集、传输的具体协议及方式（如同步方式、异步方式）进行合理的设置与处理，综合考虑网络传输的安全性和稳定性、现场环境干扰及各种未知异常造成的数据丢失、重复、中断等各类因素的影响，通过定义、标识、校验等方法，实现数据上传下达与传输过程中的完整、准确、一致和及时。

同时，数据的采集和传输需要考虑到数据交互双方的响应应答与容错纠正机制，根据数据采集、传输的具体协议及方式（如同步方式、异步方式），确定请求方与响应方的工作机制，包括发出请求、建立连接、执行请求操作、确认执行完毕、及时处理超时、异常、错误等情况、完成完整的请求——响应交互。

数据采集会应用到很多 ETL 工具，如 Sqoop、Flume、Kettle、Nifi 等。通过 ETL 工具可以实现数据接入 Hadoop 架构平台，也可以从 Hadoop 架构平台导出到传统的关系型数据库，实现各种不同场景的应用。

Hadoop 是一个开源软件框架，用于对基于通用硬件构建的计算机群集上的海量的数据（PB 量级，$1PB = 1024TB$，$1TB = 1024GB$）进行分布式存储和分布式计算。Hadoop 框架最核心的设计包括一个称为 Hadoop 分布式文件系统（HDFS）的存储部分、一个名为 MapReduce 的分布式计算部分和一个名为 Yarn 的集群资源管理框架。HDFS 负责数据存储，提供高吞吐量访问数据的机制；MapReduce 负责大数据并行计算；Yarn 负责资源调度。基于这三个核心组件的 Hadoop 虽然可以实现大规模数据的高效处理，但数据处理的方式主要是离线处理。

基于数据实时处理的需要，Spark 应运而生了。Spark 不仅能与 Hadoop 生态环境良好兼容，而且通过基于内存计算，提高了处理流式数据和迭代式数据的性能，以接近"实时"的数据处理。当然，高性能也代表着相对应的高硬件要求和高成本。

Kafka 作为 Hadoop 架构生态中的一个高吞吐、分布式、基于发布订阅的消息系统，在大数据平台技术中也占有重要的一席之地。

　　Kafka 由话题（Topic）、生产者（Producer）、服务代理（Broker）、消费者（Consumer）几个部分组成，通过 Kafka 的广播信息接收需要处理的数据任务，经过合理的配置，每一个业务类型都可以由一个数据处理服务进行处理即可高效地完成任务。

　　当然，Kafka 作为一种发布—订阅的消息传递模式，只有消息的拉取，没有推送，只能通过轮询实现消息的推送。这是 Kafka 消息处理的局限性，可以结合其他消息处理技术协同实现具体的应用场景。

　　综合应用 Sqoop、Flume、Kettle、Nifi、Socket、Jdbc 等 ETL 工具和通信协议实现数据采集，以 HDFS 文件系统、Hbase 数据库、关系型数据库、时序数据库、Hive 数仓等作为数据存储和分析，以 Spark、Flink、MapReduce 等框架为计算引擎，结合 Yarn 资源调度、集群管理工具、安全审计、认证等功能，初步实现基本的大数据服务能力。

　　数据处理是根据业务需求，对实时数据、业务数据等基础数据加工处理，形成各类报表和各种参数分析，结合工序工艺及智能设备、智能装备、以工业互联网平台为载体的各类应用和 AI 应用等主题进行整体关联分析，实现以大数据分析应用为数据驱动引擎的智能制造主题。

　　从大数据的规划和实施的具体内容不难看出，大数据应用涉及的范围越广，数据越全面，越能发挥出大数据平台的优势，特别是流程型制造企业，前后工序很多，流程很长，工艺路径复杂，单以某个大工序为着眼点应用大数据，或者以某个质量、分析为主题来规划设计大数据应用（研究），显然是有局限性的。

　　一方面，单工序或单主题的大数据平台将形成自己的一套数据规范与标准，多个单点应用之间融合将是个难题，但是不融合又将形成应用壁垒。

　　另一方面，大数据的单点应用，将不可避免地遇到重复取数、数与数之间互通困难等情况，不仅造成投资浪费，对各自的应用也会带来各种不便。

　　现实中恰恰有很多大数据单点应用的情况，例如某个大工序内部围绕设备数据诊断、作业数据分析、质量成本分析、工艺制造改进分析等内容架构的大数据平台应用及与此对应的工业互联网平台应用为载体的智能制造项目；又如，缺少实时作业数据的工艺与质量大数据分析，往往浮于表面，掩盖了部分真相，这样的应用会形成像灯下黑一样的大数据分析缺陷，不利于大数据的健康、良性发展，也就失去了持续提升的基础。诸如此类的大数据单点应用要想能发挥出大数据作为新一代信息技术的预期效果就显得有点力不从心了。

　　因此，对大数据应用（研发）来说，关键在于要有人能懂它，不是懂与大数据平台相关的技术，而是懂大数据应用（研发）的脉络。踩在了对的点上，节奏对了，大方向就大差不差了；如果不了解或者不懂大数据的关键点，钱花了、人没了，忙得焦头烂额也没用。

了解不了解、懂不懂大数据发展关键的点，说到底还是管理的问题。当然，这里的管理不是传统意义的管理，而是在消化吸收大数据技术基础上围绕大数据应用（研究）布局的管理，也即大数据技术和信息化（含部分智能制造）管理能力的结合与融合提升，实际上已经属于跨专业（跨界）的融合。这也是大数据应用不容易出成绩的重要原因，如果能解决这个问题，大数据应用（研究）就不再是个难题了。

第三节　大数据的 $1+n$ "单点"应用

[?] 大数据还能 $1+n$ "单点" 应用？ 怎么理解 $1+n$ 的"单点"？

大数据的单点应用更糟糕的是还体现在企业内部大数据的 " $1+n$ " 规划和布局，如图 7-3 所示。

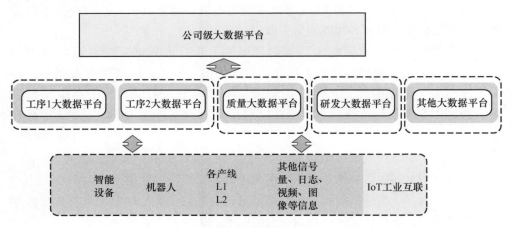

图 7-3　某 $1+n$ 大数据规划蓝图

$1+n$ 大数据的规划和布局，以多个大工序为着眼点分别架构大数据平台应用，又以某个质量、分析为主题规划设计大数据平台应用，这样的结果，必然导致前后工序、不同主体之间数据无法互用，只能在这些大数据平台之上再盖一个大数据平台，以图能解决数不互通的尴尬局面。

但很明显，割裂的 n 个大数据应用试图通过多架构一层公司级大数据平台的方法会存在很多问题：第一，下面 n 个大数据中的某一个已分析过的主题，上一层公司级大数据平台还分析不分析？第二，上一层公司级大数据平台跨 n 个大数据的数据汇总，是否都能满足大数据分析要求，有没有疏漏、考虑不到的地方，毕竟它与数据源还隔了至少一层；第三，上一层公司级大数据平台经过了中间大数据平台的数据转换，数据管理和数据治理工作怎么衔接？第四，上一层公司级大数据平台离线数据是否能及时获得，会不会在中间大数据平台离线的基础上又有延时；实时分析场景还要不要，实时分析场景还能不能满足"实时"处理的要求？第五，一个企业，如果有 $1+n$ 个大数据，每个大数据平台都能存什么数据，都存了多少量级的数据……

那么 $1+n$ 大数据平台就是不可行的吗？也未必。如果是集团型的企业，集团下属各企业间业务往来、工艺流程等经过分析评估，合起来的意义不大，那么 $1+n$ 的大数据规划和实施，还是有其存在市场的，具体问题具体分析。

新一代信息技术的单点应用现象很多，有些场景的确有单点应用的需求，但对于智能制造来说，必须站在全局统筹的角度考虑，才能如身使臂，如臂使指，推动智能制造的发展。如果单纯只是众多新一代信息技术单点应用的堆集，就算专家认可了，企业也未必真正走对了智能制造发展之路——新一代信息技术的重复投资、无效投资将不可避免。

热衷于新技术的单点应用，还表现在过分专注于智能制造技术，只知道埋头造车而不懂得抬头看路。虽然智能制造技术很重要，但智能制造课题仅仅是技术的范畴吗？当然不是！正如前文所述，智能制造更多地在于管理：规划决策第一，运营管理第二，技术实现第三。

当然，并不是第一、第二、第三这么分明和简单。规划决策、运营管理必须在了解新一代信息技术和智能制造技术的基础上展开，是为技术实现铺垫和保驾护航的；技术在实现过程中，也需要经常抬头看看，包括规划决策、运营管理是不是正确，需不需要及时地作出调整。这三者是相辅相成、互相促进提升的。

本章小结

智能制造，不是管理的提升，也不是技术的提升，同样也不是管理+技术的提升，是工业革命，是一个时代的变革。紧紧把握这一主旋律，就懂了智能制造一大半，否则，随时可能会迷失在伟大时代变革的旋涡中。

参 考 文 献

［1］唐任仲．智能制造系统国际合作研究计划［J］．制造技术与机床，1996（9）：45-47.

［2］国家智能制造标准体系建设指南（2021版）.

［3］百度百科．"科普中国"科学百科词条编写与应用工作项目.

［4］赵刚．大数据技术与应用实践指南［M］．2版，北京：电子工业出版社，2016.

［5］林子雨．大数据技术原理与应用［M］．2版，北京：人民邮电出版社，2015.

［6］王宁、张冬梅、喻俊志，等．5G+AI智能商业［M］．北京：电子工业出版社，2019.

［7］胡广伟．数据思维［M］．北京：清华大学出版社，2021.

［8］赵庶旭，马宏锋，王婷，等．物联网技术［M］．成都：西南交通大学出版社，2012.

［9］马永仁．区块链技术原理及应用［M］．北京：中国铁道出版社有限公司，2019.

后　　记

　　一直想要把多年积累的信息化、智能制造经验、想法写出来，此前都没有时间和契机。自从全程参与了中信泰富特钢集团智能制造项目，经过思想、管理、技术的碰撞，从中学到了很多，感悟很多，同时又感慨很多人对智能制造理解不深、有很多误解，甚至对智能制造的一些认识还存在歧义，感觉非常有必要通过文字把智能制造重效果、轻形式的精髓表达出来。

　　在本书写作过程中，中信泰富特钢集团青岛特殊钢铁有限公司的孙广亿先生在百忙之中认真仔细地研读了本书，给予了充分肯定和非常中肯的建议，并在本书出版过程中提供了极大地帮助。在此特别感谢孙广亿先生对本书的指导、鼓励与帮助！

　　同时也感谢多年工作中给予无私帮助的包括白先送先生、刘晓萍女士在内的众多领导和同事，以及在本书写作、出版过程中给予帮助的朋友。

　　另外，也感谢冶金工业出版社有限公司为本书做的大量工作。

　　没有大家的帮助，也就没有本书的问世。希望本书能不负众望，发挥它的科普作用。